U0058765

★漫畫科普系列 ***超科少年 6***

放射線×鐳×核子醫學

居禮夫人

Madame Curie

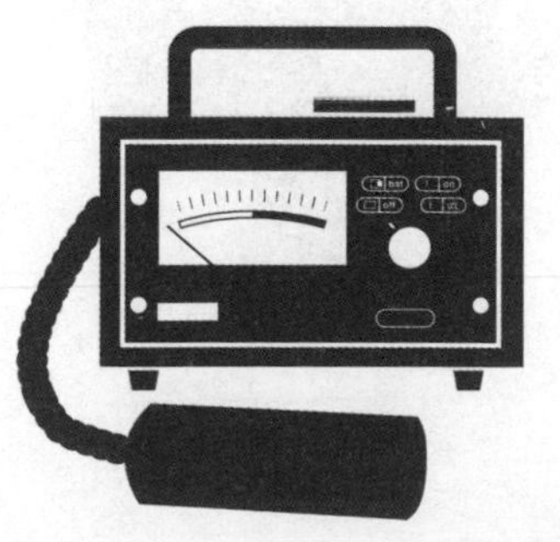

目錄

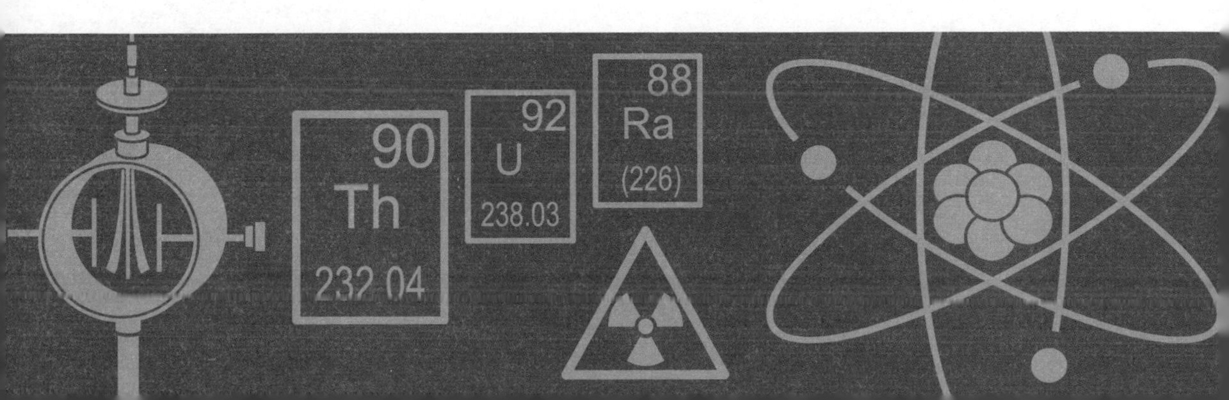

推薦文

營養均衡的科學素養漫畫餐

文／吳俊輝（臺灣大學副國際長、物理系暨天文物理所教授）

這是一部很有意思的創意套書，但很遺憾的在我那個年代並不存在。

我小時候看過不少漫畫書、故事書和勵志書，那是在閱讀課本之餘的一種舒放與解脫，然而這部套書則是一個綜合體，巧妙的將生硬的課本內容與漫畫書、故事書、及勵志書等融合在一起，讓讀者像是被煮青蛙一般，不知不覺的被科學洗腦，被深深的植入科學素養及人生毅力的種子。

這部套書聚焦在六位劃時代的科學家身上，他們六人各自所處的年代，依上述順序像是接力賽一般，巧妙的串起了人類科學史上的黃金三百年，當年的成果早已深深的潛移入我們當今仍在使用的許多科學原理中，而這些突破絕非偶然。

針對每位科學家，這部書都先從引人入勝的漫畫形式切入，若從專業的角度來看，科學界的前輩們或許會覺得漫畫中的許多情節恐怕難脫冗餘之名，但是若去除掉這些潤滑劑，它就會像是沒有開胃菜、配菜、佐料、甜點及水果的牛排餐，只有單單一塊沒有調味的牛排，想直接塞入學童們的口中，而我們的教科書經常就像是這樣，以為這才是最有效率的營養提供方式。臺灣的許多科學教科書，甚至更像是營養膠囊，沒有飲食的樂趣，難怪大多數人都會覺得自然學科很生澀，在離開學校後很怕再接觸到它。一般的科普書也大多像是單點的餐食，而這部書則是一套全餐，不但吃起來有情調，那些看似點綴用的配菜，其實更暗藏有均衡營養及幫助消化的功能。

這部書除了漫畫的形式之外，還搭配有「閃問記者會」、「讚讚劇場」及「祕辛報報」等單元。「閃問記者會」是利用模擬記者會的方式，重現巨擘們的風采，一一釐清各式不限於科學範疇的有趣問題。「讚讚劇場」則是由巨擘們所主演的劇集，真人真事，重現了當年的時代背景，成功絕非偶然。「祕辛報報」則像是武林擂台兼練功房，從旁觀的角度來檢視巨擘們所主張之各種學說的歷史及科學地位，有攻有防，還提供了武林盟主們的武功祕笈，讓讀者們能在短時間內學上一招半式，以便於日後開創自己的成功人生。

科學其實和文學一樣，學說的演進和突破都有其推波助瀾的時代背景，但學校中的課本或一般的科普書則大多只告訴我們英雄們總共成功的攻頂過哪幾座艱困的山，以及這些山群們有多神奇，卻顯少著墨在英雄們爬山前的準備、曾經失敗的登山經驗、以及行山過程中的成敗軼事。少了這些東西，我們永遠學不好爬一座山，而這些東西其實就是科學素養的化身，只懂科學知識而沒有素養，我們充其量只不過是一隻訓練有素的狗，玩不出新把戲也無法克服新的挑戰，這是我們在二十一世紀知識爆炸的年代中所要面臨的嚴峻挑戰。這部書在漫畫中、在記者會中、在劇場中、在祕辛室中，都再再提點並闡釋了這個素養精神，清楚的交待了每一個成功事跡背後的脈絡，以及事前所付出的無數失敗代價，這對習慣吃速食的現代文明人而言，像是一頓營養均衡的滿漢大餐，雖說不是每個人的任務都是要去攻頂奇山，但無可諱言的，我們都生活在同一個山林中，就算不攻頂也仍須在人生中劈山荊、斬山棘！就讓我們一起填飽肚子上路吧！

角色介紹

CURIE

仁傑

國一男生，為了完成暑假作業而參與老師的時光體驗計劃，被老師稱為超科少年。但神經大條，經常惹出麻煩，有時卻因為他惹的麻煩而誤打誤撞完成作業題目。

瑪麗・居禮

波蘭物理與化學家，可說是最知名的女性科學家。從小生長在國家動盪分裂的年代，心中總是有著超熱血的愛國心與奉獻精神，後來與皮耶結婚成為最強科學夫妻檔，一同發現釙與鐳等兩種化學新元素，對放射性研究具有極大的貢獻，也因此榮獲兩次諾貝爾獎。

老師

非常熱中科學實驗，為了讓自己做的時光體驗機更完美，以暑假作業為由引誘仁傑與亞琦試用，卻意外引發他們的學習興趣。

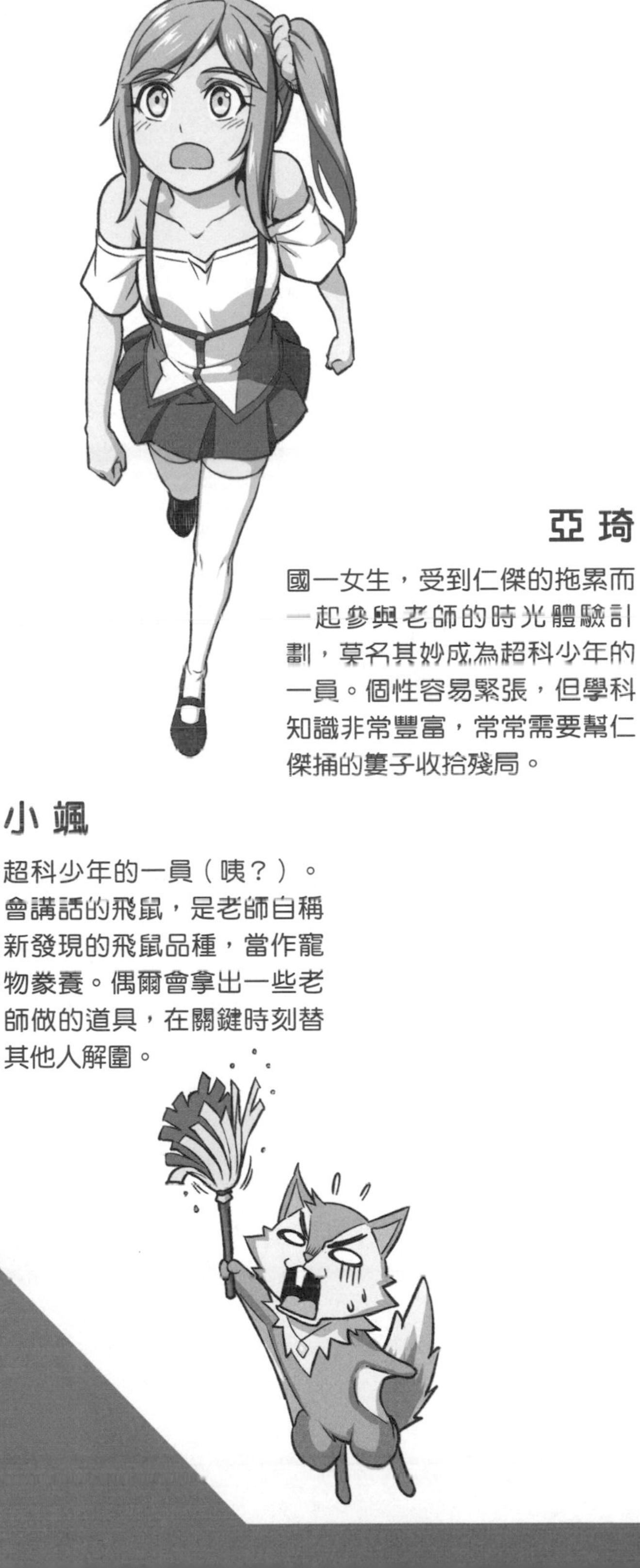

亞琦

國一女生，受到仁傑的拖累而一起參與老師的時光體驗計劃，莫名其妙成為超科少年的一員。個性容易緊張，但學科知識非常豐富，常常需要幫仁傑捅的簍子收拾殘局。

小颯

超科少年的一員（咦？）。會講話的飛鼠，是老師自稱新發現的飛鼠品種，當作寵物豢養。偶爾會拿出一些老師做的道具，在關鍵時刻替其他人解圍。

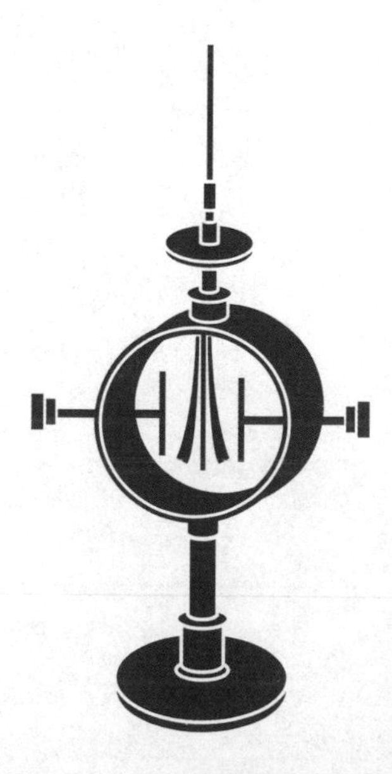

第一課：
自我武裝

教室
各位同學好，我是老師的妹妹。
剛才你們的老師臨時有事請假，所以最後一堂我來幫老師代課。
最後來發昨天的考卷，不及格的人之後要找時間補考。
喔喔！
87
竟然有87分！
慘……
怎麼啦？
咦～妳才55分喔。
你幹嘛偷看啦！

沒想到妳也有輸我的一天。
要你管！
？

哼哼，我果然還是比女生聰明呢。

你是說女生比較笨囉？
呃……那個…

一來代課就聽到這種令人火大的話。
你果然跟老師說的一樣欠揍啊。
美…美女老師我不是這意思啦。

還想巴結我！
……鼻
你給我觀察一下，科學史上的最強女神居禮夫人吧！
哇啊！

1879年 華沙
咚！

性格轉變得那麼快，果然是老師的妹妹呀。
……

對了亞琦，這裡是哪裡啊？
哇啊！
你都說你比我聰明了，
是不會自己查嗎？
老是因為你的關係，一起被老師丟到奇怪的地方，
雖然也一起完成了許多作業…
……

別以為我總是喜歡跟你在一起。
亞琦！
跑走了…
笨蛋快去追呀
作業要兩個人一起才算數啊。

亞琦，妳等等我啦！

對不起啦！
！
！
哇…小心。
碰咚!!
亞琦，妳沒事吧。
啊…慘了
對不起，我馬上幫她處理。

對不起，沒注意到妳。
沒事啦…只是小傷而已。
放心，亞琦沒那麼脆弱。
是我自己沒看路，衝出來。
唔！
對了，我叫亞琦，旁邊這位是仁傑。
還有我們養的寵物小颯。
啊，我忘了自我介紹
我叫瑪麗亞・斯克洛道斯卡。
你們叫我瑪麗亞就好了。
難道妳就是…居禮？
居禮？是誰啊？

笨蛋，居禮是她結婚後冠的夫姓。現在她還不叫居禮。
啊…差點忘了。
你們可能認錯人囉。

瑪麗亞…家裡有客人啊？
你們從哪裡來的？

啊，伯父您好。我們來自臺灣。

臺灣？反正不是俄國來的就好。
對了，瑪麗亞，該去學校上課囉。

是的，父親。

伯父不喜歡俄國人嗎？
這個嘛…

女子學校
近一百年來，我的國家波蘭不斷衰敗。
最後還多次被其他國家瓜分的四分五裂。
我們被俄國併吞後，課堂上所學的東西，甚至平常看的書都變成俄國的書籍。
原先屬於波蘭的傳統也被強迫拋棄。
不好意思，我的學校是女校，不能讓你進來參觀。
……
父親之前替講波蘭話的學生辯護，而被學校開除，或許是因為這樣才…
原來是這樣啊…

不過這樣子就不用學兩種語言了。
你從現在開始只准講英文。
啊…This is a pp l e pen
不會就給我閉嘴！
啊哈哈。
碰！
不過就算我們被俄國統治，
大家還是認為自己是波蘭人喔。
各位同學注意，全部回到坐位上。
俄國的督學來學校抽查了。
大家把不是俄文的書藏好，不要被看見了。
糟糕！這些書被看到就完了。
你幫我們顧一下！

奉俄羅斯帝國命令，我來確認貴校是否有依照規定指示上課。
嗯～女校果然充滿香氣
歡迎督學大人…

督學大人放心，我們都有依規定上課。
歡迎督學大人…

即便如此，還是要抽查一下同學們是否有好好學習我國歷史？
就從那位奇裝異服的同學開始吧。

糟了！
我嗎？
沒錯，就是妳。
請問現在我國的君主是誰呢？

不會吧，竟然這麼剛好被點到。
亞琦知道答案嗎？
快用電腦查一下！
突然被這麼問…腦子一片空白啊！
等等，剛才瑪麗亞說波蘭現在被俄國統治…
這麼簡單的問題都不知道嗎？
是…亞歷山大。
喔，還不錯。
那是亞歷山大幾世呢？
糟糕，竟然問這麼細，
這我真的不知道…
旁邊同學別想打暗號。

是亞歷山大二世！
答對了，不過…
剛才窗外是不是有人在對妳打暗號？
完了！
唔哇！

窗外常有動物昆蟲會飛進來，
請督學大人別亂開窗戶。
是小颯。
什…什麼東西
哼！犯不著妳教我。
這麼會教人，那下一題就由妳回答！
我國歷任的君主有哪些人？
就從彼得一世開始吧。
回答出來的話，今天的抽查就結束。

彼得一世
葉卡捷琳娜一世、彼得二世、安娜、伊凡六世、伊莉莎白、彼得三世…
喔～

再來是在位最久女皇葉卡捷琳娜二世、保羅一世、亞歷山大一世、尼古拉一世
到現在的亞歷山大二世。

哈哈，太棒了，完全正確！
好厲害…

那麼再追加一題，
世界上最偉大的
國家是…

怎麼了？
答不出來嗎？

最偉大的國家…
俄羅斯帝國。

好了好了，沒事，督學已經走了。
嗚啊啊啊～
哭得好慘呢。
也不是不能理解。
剛才瑪麗亞說的都是歷任俄國君王，而不是波蘭⋯
這確實會讓人很傷心。

對了，瑪麗亞，這是妳的書。
亞琦妳一開始的題目就答對，好厲害。
哈哈。
啊，謝謝。
沒想到亞琦對俄國君主也有研究呢。
我的話應該一句話都說不出來。
唔，又要被罵了。
其實我剛才也是因為仁傑才能答對。
真羨慕你們。
等等，不是妳想的那樣啦。

不過話說回來…
沙沙

我會永遠記得這一天。
不論如何，以後我絕對會為了波蘭出一口氣。

…？
喔喔！

第一題：觀察居禮夫人的幼時成長
第二題：居禮夫人發現新的元素
第三題：居禮夫人在遭逢挫折之後
第四題：觀察鐳的偉大時代
第一題完成了！

太好了，可以回去了。
雖然作業完成了，但是…

瑪麗亞好像突然變了一個人呢。

咦？

現代 學校
喔喔，你們回來啦。

我妹跟我說你們兩個去找了居禮夫人？
你們兩個沒事吧？
我們完成了第一題喔。
老師為什麼這麼問呢？

完成第一題啦，那就好。
沒經過我同意就擅自使用時光體驗機是很危險的。
哼~
?

不過你們見到小時候的居禮夫人了吧。感想如何？

嗯，在那種環境下還能保持冷靜，並且回答一連串問題。
實在很厲害。

後來瑪麗亞怎麼了呢？
瑪麗亞畢業後去附近的農村當家教，還差點結婚。
不過後來沒有結成她就將所有賺到的薪水都給姐姐當做去巴黎讀書的學費。

後來瑪麗亞的姐姐在法國結婚後，反過來幫助她。
讓瑪麗亞也到巴黎念書。

瑪麗亞也到了法國，經過一番苦讀後，考上了巴黎大學。
以第一名的成績獲得物理學士學位。
ARMANDVSS · IOANNES · CA
RBONAE · PROVISOR
AEDIFICAVIT · DOMVM · ET
DOMINO · MDCXLII
所以就算是一時挫折，也不表示永遠無法成功。
不斷努力才是關鍵。
嗯！
不，老師，我還是想補考！
嘿嘿，有人不服輸呢。
我可以陪妳一起考喔。
完成作業，就不用補考啦～
咦？

第二天
哇～
怎麼會…
92分
6分

怎麼這樣，為什麼分數比之前還低？
喔，我只是把選擇題的順序調了一下。
什麼嘛！原來你先前都是用猜的啊。
這樣的話仁傑你還要再補考一次。
啊啊啊，我不要啦。

第二課
女巫濃湯

教職員室
仁傑你要幹嘛？
都放學了，還不回家。

還記得上次完成作業後，老師就說不用補考嗎？

照老師說的，只要提前完成作業，
這學期所有考試，就算都是零分，也沒關係。
……

嗯？
你也該先問老師吧。
直接問老師就不會答應啊。
嗯～都放學了，還在這裡幹嘛？
！

原來是想去看瑪麗亞，真是意外的用功喔。
沒錯沒錯
上次看到瑪麗亞的決心，覺得超感動的。
看來體驗機也對你產生了正面的作用。
既然是你主動要求，這次就當做課外活動。
不能像上次一樣抵銷考試喔。

咦！可是…
上次說擅自使用時光機很危險。這次我都準備好了。
你們不用擔心。
呼呼呼呼
不是這個問題啦！

這個是…

這個徽章是？
這是為了確保體驗機穩定的裝置。
你們在體驗期間都必須好好帶著，不准拿下來。

連我也要嗎？
沒錯。
現在可以出發囉。
記住只要一拿下來體驗機就會出錯喔。
等等…老師，真的不能抵成績嗎？

出發吧，超科少年。
真的是穩定裝置？
哇啊啊～
1896年法國
看來不在華沙，已經是在巴黎了。
！

哇啊啊啊~
你們…坐在路上幹嘛？
這位鬍子大叔是？
啊…我們是…
咦？
你們不是仁傑和亞琦嗎？
怎麼也跑來巴黎了？

啊，是瑪麗亞！
你們也長大不少，應該有認真讀書喔

？
噫！

……

對了，瑪麗亞，妳旁邊這位大叔是？
什麼！

唉呀，你說他嗎？

抱歉剛才太高興，我來介紹一下。
他是我老公皮耶·居禮。
別看他臭臉一個，其實人很善良喔。
那個…那個…

他是我來到法國之後認識的物理學家，後來我們就陷入熱戀，也在去年結婚了。
因為結婚的關係，我現在也改姓居禮了喔。

這樣啊…恭喜。
好像有人快斷氣了…

本來我已經打算孤獨一生了。還好有碰到瑪麗亞。
雖然她年紀比我小，但她的學識和求知慾，卻讓我很佩服。

皮耶你別這麼説，我們可是彼此相愛的呢。
啊…暫停…我快窒息了。
他們兩個怎麼了…
其實皮耶才是我們平常説的居禮喔。

唉呀，這不是居禮夫婦嗎！

果然是剛新婚的夫婦，看來很恩愛喔。
加布里埃爾 · 李普曼
李普曼教授真是巧。
是啊，一陣子不見了呢。
這位是李普曼教授是我巴黎大學的指導教授。
你好~
你好，歡迎。

話說教授有聽說貝克勒老師發現了看不見的光嗎？
啊，你們也知道了呀。

是啊，瑪麗亞正在煩惱博士論文的題目，我知道後馬上跟瑪麗亞說。
也正為了進一步研究而在準備儀器。

看不見的光？
那是我們認識的物理學教授貝克勒發現的。

去年德國一位物理學家侖琴，在做陰極射線實驗時發現一種光。
除了會讓空氣導電，還可以穿過木板、人體。他將這種光線稱為X光線。

而消息傳開後，貝克勒教授改用鈾礦實驗，
一開始他覺得鈾礦也會放出X光線。
……

他後來用底片包住鈾礦，竟然發現底片會曝光。
結果察覺鈾礦散發出的放射線和X光線、螢光不一樣。

所以我也想進一步研究，除了鈾以外，
還有什麼物質也有放射線。

是這樣啊，那祝你們研究順利囉。
謝謝教授。
慘了，完全聽不懂瑪麗亞在說什麼？

亞琦，我們要不要先去別的地方逛逛？

你說什麼？

可以跟瑪麗亞一起研究很好啊。
而且是你先說要做作業的。
咳沒問題。

這樣的話，你們有自己的研究室了嗎？
對喔，忘了。我們還沒有自己的實驗室。
喔，不用擔心，研究室已經找好了。

竟然有這麼大的空間可以用。
不過要先打掃才行，但掃完就可以用啦。
這間原來是…
這裡原本是解剖學實驗室，後來學校不再用了。
解剖…
別害怕啦，那是很久之前的事了。
哇～啊啊。

總之，先開始打掃吧。

要確實掃乾淨喔。
嗚嗚……
天花板就交給小颯了。
收……收到。

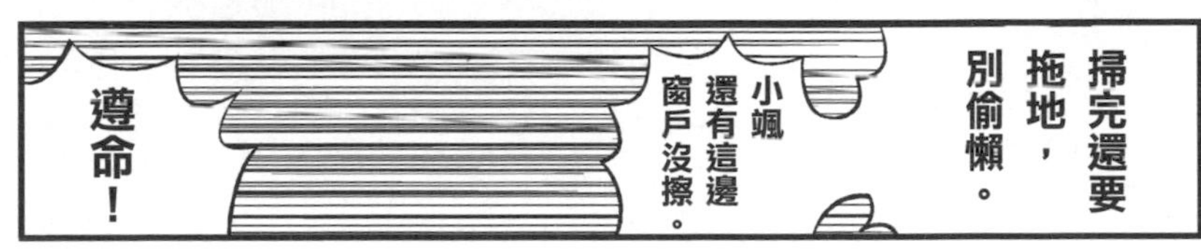
掃完還要拖地，別偷懶。
小颯還有這邊窗戶沒擦。
遵命！

終於清乾淨了，謝謝你們。
可以開始研究了！

話說為什麼亞琦好像變了一個人了。
應該是被瑪麗亞影響了吧。
這樣也不錯呀，也許可以加速作業的進行呢。
是這樣就好了喔。

我先休息一下。
仁傑你也給我振作點。
不過現在怎麼開始呢？
我搜集了一些礦物與原料，先來一一測試是否有放射性吧？
該怎麼測試呢？

妳說到重點，現在沒有能測試放射線的儀器。
所以才要想辦法解決。

那麼貝克勒怎麼發現的？
他是將礦物與感光底片，包在黑紙裡測試。
不過那太花時間，而且也沒辦法測量什麼。

對了，瑪麗亞妳剛才好像提到…
放射線會讓空氣導電？

如果有一個可以測量空氣導電的儀器，或許就可以測量了。
好方法。

這麼說的話。
我有個東西或許可以用喔。

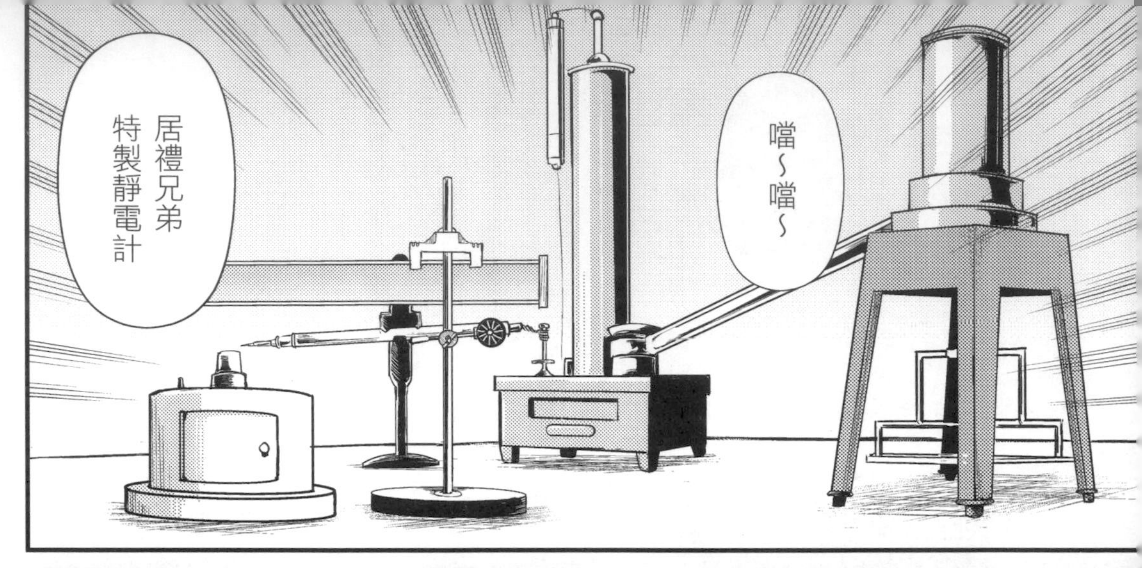
噹～噹～
居禮兄弟特製靜電計

這是？
是我和弟弟在15年前發明的儀器，可以用來測試空氣的微量電流。
剛提到空氣導電我就想這個或許可以拿來用。

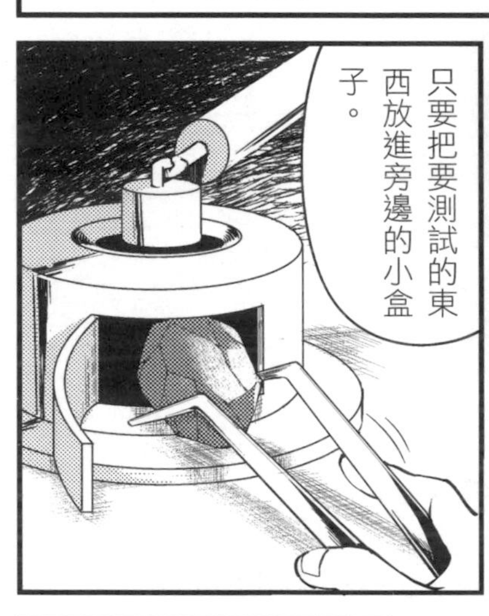
只要把要測試的東西放進旁邊的小盒子。

靜電計就會指示到旁邊這根表尺，顯示裡面的含電量。
應該就可以測量放射性了。
那就先測量各種礦物吧。
……
好厲害！

為什麼亞琦這麼熱衷啊？
為什麼你可以這麼懶？

第一次碰到瑪麗亞，我就被她追求科學的態度所吸引。

那是因為你還不了解科學的美啊。

她那認真的神情也令我深深著迷，
所以我會盡全力，守護瑪麗亞。
那位和你一起的小姐，應該也有這種特性吧。

……

ZZZ
呼
呼
呼

叩
？

嗯？
沙
沙
叩

瑪麗亞怎麼還不休息？

噫！
抱歉，吵醒妳了。
我正在煮礦渣。

瑪麗亞…？
我發現瀝青鈾礦裡面，好像有比鈾放射性更強的物質。

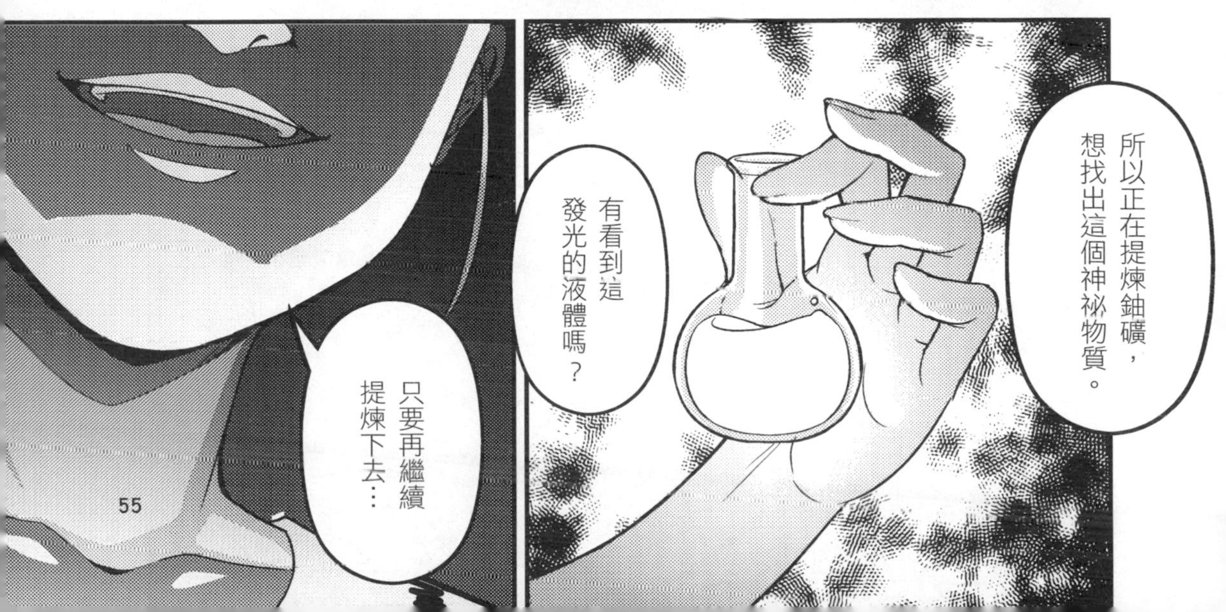
所以正在提煉鈾礦，想找出這個神祕物質。
有看到這發光的液體嗎？
只要再繼續提煉下去…

我相信最後這個光芒，一定可以改變人類的命運。

嗯？
嗡嗡…

咦？作業竟然完成了。
第三題：居禮夫人在遭逢挫折之後
第四題：觀察鐳的偉大時代

那個…瑪麗亞我們有事先走了。
亞琦妳看…
唰
怎麼了？
？

現代 學校
居禮夫人很可怕？
發生什麼事？

我原本想努力向瑪麗亞學習，可是剛才看到她像女巫恐怖的攪拌那鍋怪東西……
哈哈哈哈
哈哈哈
研究到最後都會走火入魔嗎？
哈哈哈，亞琦妳想太多了。
那都是為了從礦渣中分離出所需物質的工作，因此要不斷的攪拌和煮沸。
後來經過數年的提煉與分離，瑪麗亞終於發現了新元素：
釙與鐳。
釙的英文取自於波蘭，是居禮夫人為了紀念祖國喔。
這樣啊。
我能不能也變成那樣呢？

怎麼啦，
難得看妳發呆。
之前跟著瑪麗亞
還很認真啊。
讀書加油喔。
嗯～真是難得
仁傑也會買飲
料請客。
謝囉。
等等作業寫好
記得借我抄喔。
那不是給我的嗎？
啊，妳也要喝？
…功課自己寫啦。

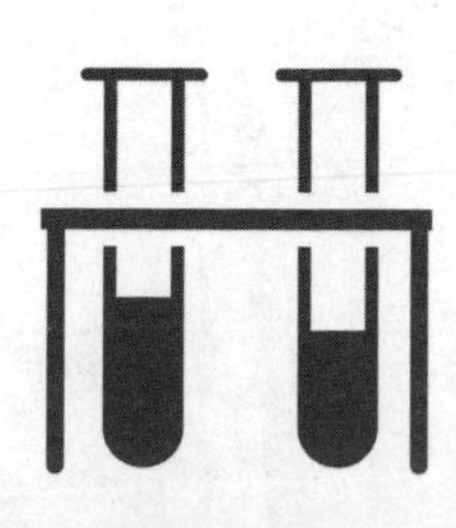

第三課
重大轉折

1906年
居禮研究室前
怎麼這麼多人？
不好意思，借過一下。
砼
發生什麼事嗎？
走路看路啊！
是報紙？
諾貝爾獎得主居禮夫婦發現新元素鐳，
熱門話題持續發燒。
喔喔！是八卦板？
DECOUVRIR LE RADIUM

所以瑪禮亞變成名人了。
怪不得這麼多人。
不好意思，借過一下。
居禮太太平常研究都穿什麼服裝？有特別喜歡的款式嗎？
？
各位麻煩一下。
研究室設備簡陋，請不要推擠損傷儀器。
!
聽說家裡有養隻小貓，是取什麼名字嗎？
瑪麗亞好像被記者包圍了，快去幫忙。
嘿，看我的！

各位記者，這裡有飛天神鼠出現。
？
嗚嗚～
噗哈～
那隻是神鼠？
竟然可以只靠尾巴飛行，太厲害了。
哇，還會說話。
仁傑你給我記住！
趁現在快走吧。

居禮家
真是謝謝你們。
得了諾貝爾獎都已經快三年了，還常常被奇怪的人騷擾。
想在研究室專心研究，都好難喔。
剛才都是記者嗎？
不，有些只是來湊熱鬧。
吵鬧
哈囉，皮耶先生好。
瑪麗亞妳回來…是仁傑和亞埼。
好久不見！
拉
親愛的，你要去哪邊摸魚啊？
我…要去出版社咳咳。
外面好像要下雨了，小心喔。
……

皮耶先生很忙啊。
是啊。
畢竟我們也有兩個女兒，
必須要更加把勁。
伊蓮
夏芙
兩個女兒都好可愛喔。
？
借我看一下。

哇哇，這不是獎牌嗎？
好閃亮喔！是純金的嗎？
那是英國皇家學會頒發的戴維獎。戴維可是發現最多化學元素的人喔。

戴維？不就是那個又酗酒、又壓榨法拉第的老頭嗎？
咦，他不是去世很久了嗎？
那個…是仁傑記錯了。
嚇我一跳，還以為你們見過呢。

獎牌獎章都只是虛名，不能一輩子守著這些東西。
所以就直接給她們玩。

？

玩具小偷
玩具小偷
那個！

仁傑你把獎牌還給她們啦。
對⋯對不起。
夫人，不好了。

皮耶先生他⋯
他被馬車撞上了！
傭人

墓園

沒想到皮耶就這麼走了。
嗚嗚~

瑪麗亞聽到這個消息，好像還沒反應過來。

不過去安慰她嗎？
那邊是居禮家族的私人葬禮。我們在這邊等就好了。
久等了。

我們先回去吧。
還有實驗要做。

瑪麗亞，不用先休息一下嗎？
不，還有很多事要做。

夫人您好，我是皮耶老師的學生朗之萬。

啊，我記得你。
老師的消息我很難過，也請夫人保重。

謝謝…
我和其他同學都很感謝皮耶老師的照顧。

看來除了研究，還有很多事要處理。
我們還是先走吧。

數天後
這是什麼啊？

居然說瑪麗亞在喪夫後馬上和朗之萬偷情。
太過分了吧！
MA FILLE ÉTAIT

八卦狗仔真的古今都有。
瑪麗亞妳都不反駁嗎？

…沒關係，反駁只會愈描愈黑。
他終究也是皮耶的學生，出來發言對彼此傷害更大。
還有其他更重要的事。
GAZ GET INVINCIBL

這是…
DECOUVRIR LE

有人質疑妳先前鐳的發現？
是的。物理學家卡爾文質疑我們先前發現的鐳不是純元素。
不過他說的沒錯，我當時還沒有提煉出純鐳。

他懷疑我們發現的其實是鉛和氦的化合物。
而且先前獲得諾貝爾獎是因為放射線的研究，
不是發現鐳。
KUNGLIGA SVENSKA VETENSKAPS AKADEMIEN
ALFRED NOBEL
MARIE SKLODOWSKA CURIE

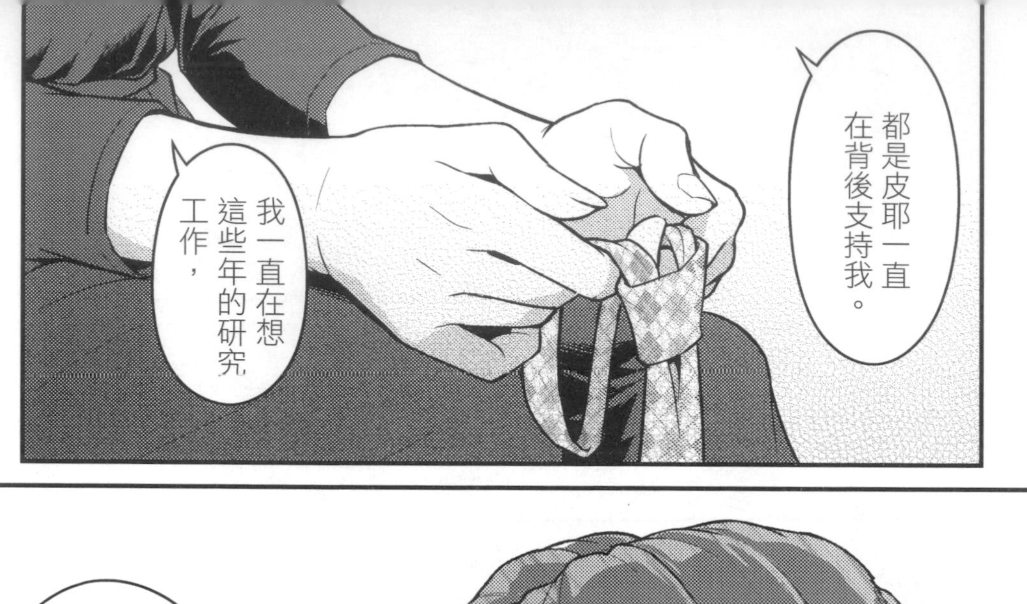
都是皮耶一直在背後支持我。
我一直在想這些年的研究工作，

也許其實我自己什麼都沒做成⋯
少了皮耶，我只是沒用的女生。

不！不是這樣。
瑪麗亞妳絕對不是沒用的女生。

以前在華沙時，在課堂上所下的決心…
還有為了尋找看不見的光，整晚不睡……
甚至發現新元素以自己國家命名……
這些事情妳都忘記了嗎？

伊蓮還有夏芙，怎麼都跑來了。
抱歉夫人，兩位小姐堅持來實驗室。
說到這個。
或許瑪麗亞妳把獎牌當做玩具，但我認為這就是大家給妳的肯定。
這些成果絕對不是妳憑空得來的。

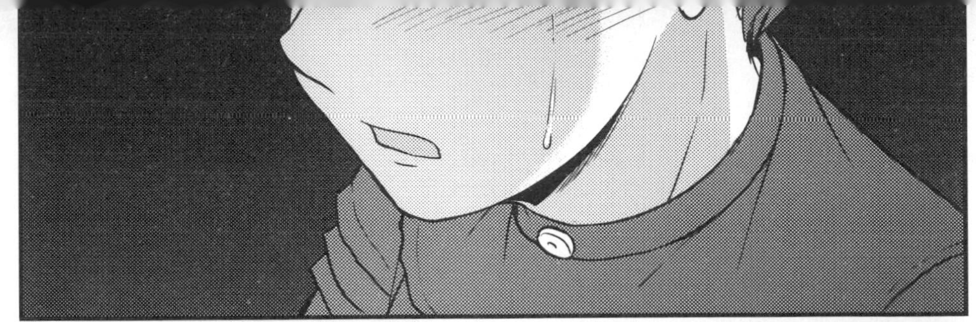

說得沒錯。

就算沒有皮耶，
我也不能這樣放棄。

不，既使皮耶不在……
夫人……

我和這兩個寶貝女兒，
也會連同皮耶的份，
一起努力下去。

太好了，夫人。
今天就早點回去休息吧。
玩具小偷
玩具小偷
不是啦！
嗯？
太好了，作業完成。
登登登登！
第四題：觀察鐘的偉大時代

謝謝你們，明天就繼續……
又不見了……

現代 學校
咻咻咻咻……

回來啦，亞琦怎麼了？我看妳臉色不太好。

嗯，雖然瑪麗亞最後振作起來。但接連遭遇一連串不幸，真是……

這是一定的啊。
是啊。原來再厲害的人，也會陷入低潮啊。

不過也別擔心，
重新振作的瑪麗亞，
後來也成功提煉出純鐳，
也在 1911 年再度獲得諾
貝爾獎。

HOSPITAL
不過再度獲獎後，
身心疲累的她，
還是住進醫院療養。
後來也到英國，
休養一陣子。

後來瑪麗亞回到法國，
也沒有停下研究，
為了進一步
研究鐳的影響性，
也成立鐳研究所。

另外瑪麗亞一生共得十幾種獎章和上百個名譽頭銜，光是諾貝爾獎金就有3千多萬呢！
真是羨慕啊～
看來瑪麗亞家真的不缺玩具了。
…？

話說老師也很厲害，老師有得過什麼獎嗎？
是啊！主人都發明體驗機了，校長也應該頒個獎給你吧！
唔！

你們兩個……

別把老師看的太勢利！
我對獎章這種東西可沒有興趣！
把你們這幾個學生教好，才是我一生的重責大任，
得獎對我來說，就像浮雲一樣。
好像怪怪的……
手一直摸脖子，一定是在說謊。
你們…是什麼眼神？
為什麼反應這麼大？

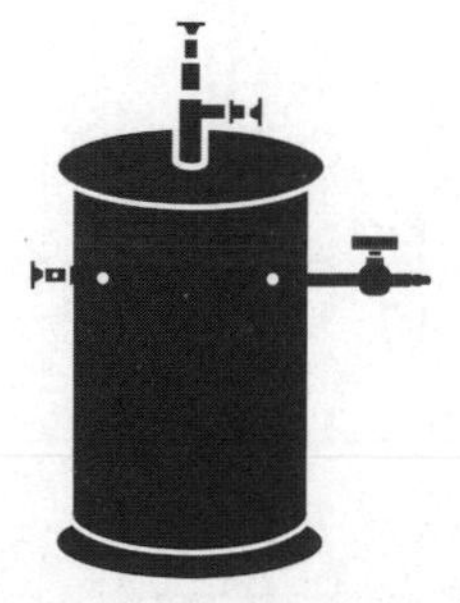

第四課 女神聯盟

1915年 巴黎
街上氣氛好詭異喔…
奇怪，這裡應該是巴黎鬧區呀。
到處都有軍人呢。
不知不覺跟著緊張起來。
該不會是…
沒錯，現在正好是第一次世界大戰期間！
什麼？

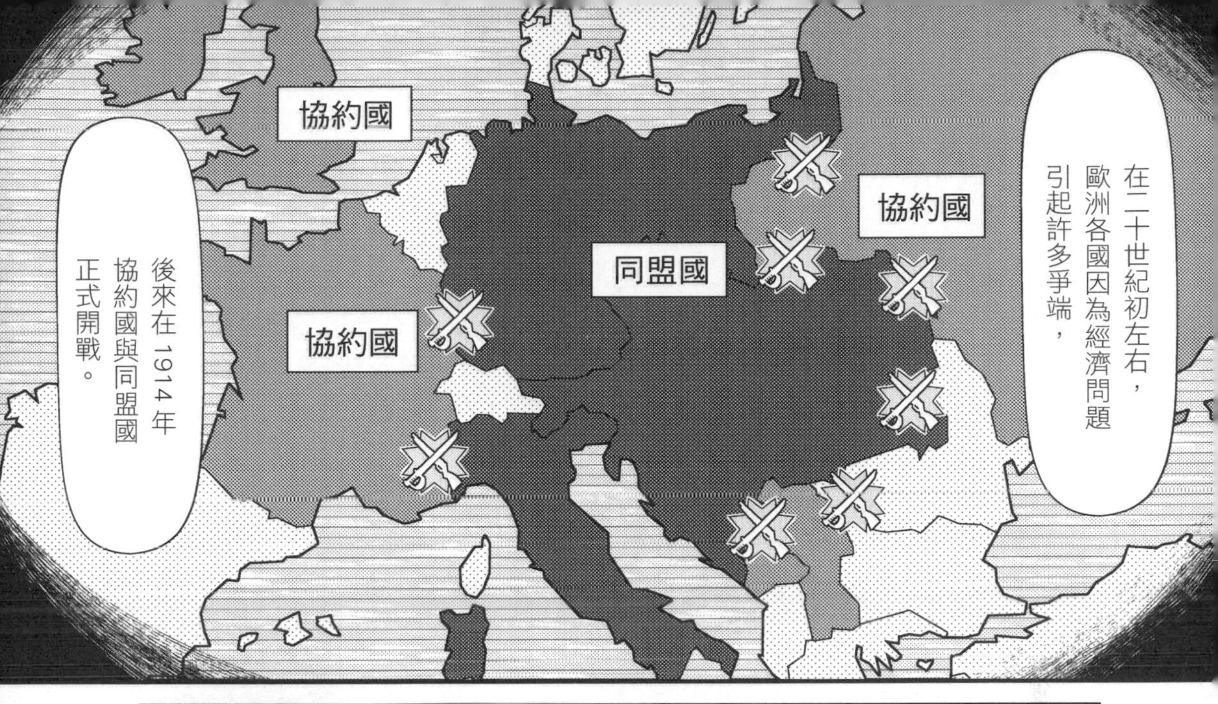
在二十世紀初左右，
歐洲各國因為經濟問題
引起許多爭端，
協約國
協約國
同盟國
協約國
後來在1914年
協約國與同盟國
正式開戰。

法國也參與其
中，而戰爭持
續好幾年…
最後犧牲了
上千萬人。
怪不得這麼多
軍人呀！

不過這時候來
太危險了，
我們先回去吧。
希望瑪麗亞
沒事。
啊…等一下！

唔！
！

妳…妳沒事吧？
好險…差點被撞了。

是亞琦，還有仁傑。你們怎麼會在這裡？

瑪麗亞，太好了，妳也沒事吧。

開戰這麼久了，你們兩個怎麼沒去避難？
嗯～我出來買點東西。

這樣啊，走路也要小心喔。
好的⋯
這比被腳踏車撞嚴重多了。

對了，瑪麗亞，妳開的那台車是？

這輛車嗎？是我改造的救援車。
車上裝有移動式X光機，我準備去前線幫忙受傷的士兵檢驗傷勢。
PETITE CURIE
檢驗傷勢？
嗯，利用X光機尋找傷患體內的子彈或碎片位置，方便醫生開刀。

好厲害喔！
親自上前線，妳不做研究了嗎？

研究嗎？只能先暫停了。
怎麼會？

在我第二次獲得諾貝爾獎後，法國成立了鐳研究所，請我過去管理。
但不久後戰爭就爆發了。
不少男性研究員被徵召上戰場，許多研究也只能暫停了。

但就算沒辦法上戰場，我也要用自己的方式保護更多士兵和人民。

咦～
是玩具小偷啊！

好久不見，
抱歉這次沒有玩具
讓你玩喔。
哇！

嗚嗚…
那是誤會啦。
女兒也
長大了呢。
這是我的大女兒伊
蓮，我找她來當X
光車的助理。

媽～再不上路，就跟不上前面了。
糟糕！

不小心聊太久，跟前面車隊脱隊了。
啊，抱歉抱歉。
交給我吧。
？

嗯～找到車隊了。

前面路口左轉後，再過兩個路口，看見叉路往右轉，應該就可以看到車隊了。

了解，太感謝你們了
你們也快去安全的地方避難吧。
好的，你們也小心喔。

噗……

真是拼命啊。
是呀。不過我們還是先回去好了。

1920年
巴黎 鐳研究所
INSTITUT DU RADIUM
PAVILLON CURIE
照時間來看，戰爭已經結束，應該不用擔心了。
這就是瑪麗亞的新研究所啊。
唉呦～玩具小偷又來了。
可惡，不要再說了。
不像以前破破的實驗室了。
仁傑小聲點啦。

我被定型了嗎？
伊蓮，
妳怎麼也在這裡。
我現在和媽媽
一起做研究。
媽媽在後面的實驗室，
可以直接過去找她。

喔～
是亞琦和仁傑。

太好了，
還好你們都沒事。

怎麼了？
這麼突然……

抱歉，有點太激動，因為戰爭剛結束，對很久不見的人都很擔心。
我們很好啦。

沒事就好，
像研究所的成員，
在戰爭後人數
就少了十分之一。

少了這麼多人！
嗯嗯！
不過我會繼續帶領剩下的人做新研究。
媽～
媽，外面有位女士說要採訪妳。
您好，我是來自美國的記者梅洛妮。
請問您就是居禮夫人嗎？
對，我想起來了，先前您有聯絡，
要採訪的話，請到隔壁房間。
謝謝。

對了，仁傑跟亞琦
你們有興趣一起來嗎？
你們也是跟著我
一起長大。
對採訪內容應該
也有幫助。

好啊！
？

於是在訪問中，
瑪麗亞向梅洛妮
回憶起各種成長經歷，
以及後來實驗與生
活困境，到現在持
續從事研究。

怎，怎麼了？
沒事，同樣身為女性，您的努力實在讓人感動。
不過聽說您提煉鐳後，鐳的數量還是不夠您做研究。
是的，怎麼了嗎？

自從您公開提煉方法後，市面上出現了各種以鐳為主打的商品，
RADIUM WATER
X-RAY SOAP
從指甲油、手錶、甚至到飲料都有，這些公司靠鐳賺了好多錢。

美國也成功提煉出不少鐳，但您卻還是為鐳不夠而煩惱。
數量也不夠做研究，這不是很奇怪嗎？

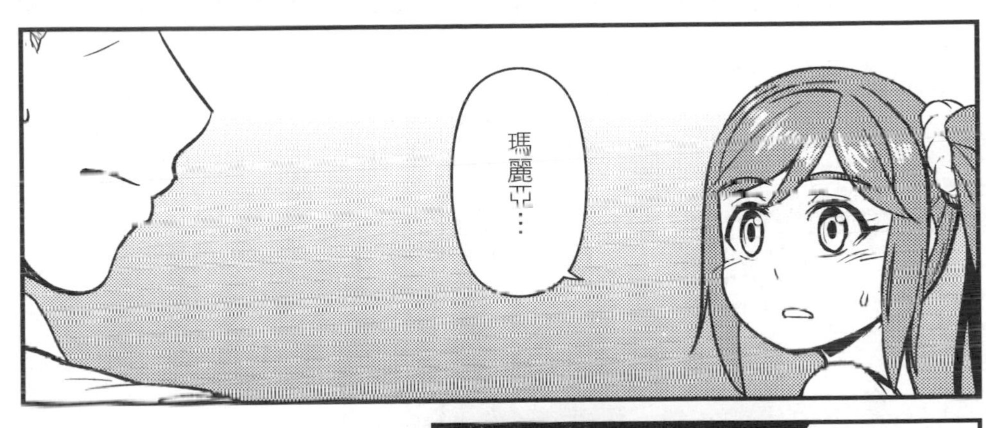
瑪麗女士……

如果是錢的話，先前諾貝爾獎獎金，加上政府補助，
對我來說已經足夠了
知識應該是人類共享的資產，
而鐳也有助於醫療，可以造福更多人。
我公布提煉方法，不是為了要賺錢，
也不想申請專利，阻礙科學發展。

我所做的都只是為了人類的進步，這一點是不會變的。

都這麼說，我也沒辦法反駁。
……

不過連做實驗的量都不夠，怎麼辦？
我會再想辦法提煉出來。

這樣吧，我有個好方法…

1921年
法國 勒阿弗爾港
這裡人也太多了吧！
不過這艘船好眼熟喔。
因為它是鐵達尼號的姐妹船啊。
咦~
哇，好大的遊輪。
來一瓶港口限定鐳能量水，一瓶只要一百法郎。
唔喔！好像很厲害，可是好貴喔。
你在幹嘛？
不過為什麼港口這麼多人呢？
上次採訪記者梅洛妮回到美國後，幫居禮夫人發起募款活動。
CERTIFICATE

梅洛妮發起的募款活動很成功。
過了一年也募資到可買一克鐳的資金。
梅洛妮也成功說服瑪麗亞拜訪美國，領取各界贈與的禮物，
還請到美國總統頒發喔。
而現在瑪麗亞正要前往美國呢。
原來是這樣啊。
所以才一堆人來歡送吧。

……
雖然聽不到聲音，但是我應該知道她們在說什麼。
作業……完成了。
登登登登！
題：觀察居禮夫人的幼時成長
題：居禮夫人發現新的元素
禮夫人在遭逢挫折之後
察鐳的偉大時代
太好了。
現在特價十瓶只要五百法郎喔。
就說我沒錢啦！

現代 學校
作業竟然全部完成了，恭喜你們。
老師怎麼穿成這樣？
在幹嘛？
先別管我，你們把胸章拿下來給我吧。

放進盒子裡就可以。
老師，瑪麗亞後來怎麼了？

喔，後來瑪麗亞與伊蓮持續研究放射性，
伊蓮後來也與她先生一同獲得諾貝爾獎，不過很可惜獲獎時，瑪麗亞已經過世了。
好，回收完畢。

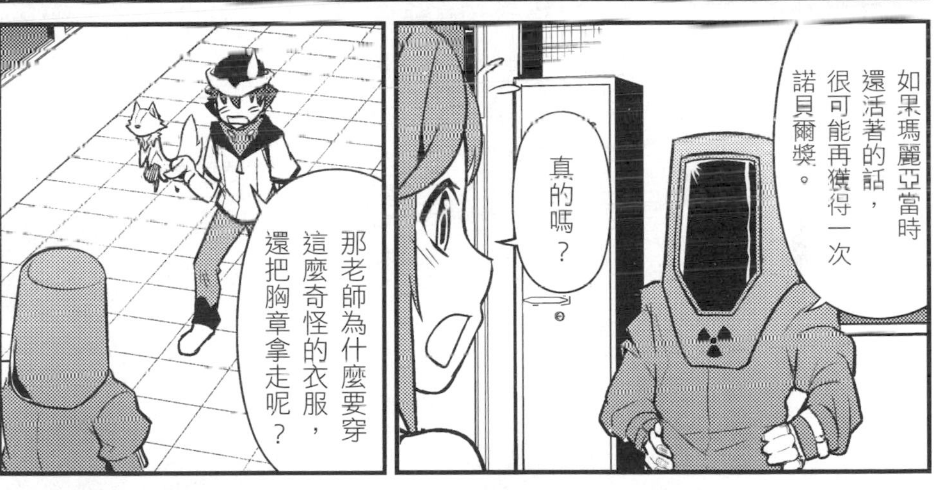
如果瑪麗亞當時還活著的話，很可能再獲得一次諾貝爾獎。
真的嗎？
那老師為什麼要穿這麼奇怪的衣服，還把胸章拿走呢？

這個啊，居禮夫人從事放射性研究，並沒有察覺到危險性，
但過了數十年後，科學家才發現原來長期接觸放射線對人體傷害很大。

NO ENTRY — NO ENTRY — NO ENTRY
在瑪麗亞去世後，人們才發現瑪麗亞研究用的相關物品帶有超高的放射性，
所以現在瑪麗亞當年研究用的手稿與物品都被小心封存。

這個胸章能幫你們在完成作業時，吸收放射線。
既然完成作業了，我也要回收胸章啦。
這是因為研究而必要的犧牲嗎？
放心，現在對放射性已經有更多認識了。

哇！老師你怎麼不早說。
哼哼，這是為了讓你們安心完成作業。

不過當年可是瘋狂的年代，市面上有這種含鐳商品。
RADIUM WATER
X-RAY SOAP
美國有位企業家喝了上千瓶鐳飲料，後來因為骨骼壞死過世。

如果你們喝了什麼含鐳飲料，我可就幫不了你。
什麼！

怎麼啦？為什麼臉色這麼難看？
不，沒事⋯
幸好沒喝。
我想像瑪麗亞一樣成為科學女神。
⋯⋯

BEHIND the SCENES
各位好，很榮幸能夠與各位聊聊這次作品的一些小事情。
我是好面～

由於時間分配的問題，導致開工時間太晚，所以漫畫實際作業時間很短。
最後找了不少強大戰力的人一起幫忙才順利完成。想想真是不好意思。

這次的角色是居禮夫人，另外還有孟德爾，雖然難得不是英國人了，但終究還是在歐洲呢。
（波蘭語）
完全聽不懂…
由於都是非英語系國家，找參考資料花了點時間，但幸好都算是名人，資料都還算多。

另外除了舊班底，這次試著增加了一個老師的妹妹角色。
有機會以後會讓她做些老師辦不到的事吧。

我們的主角瑪麗亞・居禮，
原名是瑪麗亞・斯克洛道斯卡。
名字再長一點舌頭就打結了。
漫畫裡有提到，
因為瑪麗亞嫁給皮耶・居禮，
所以才改姓居禮喔。

瑪麗亞還在波蘭時，
有到一個農村當家教，
當時還差點結婚了。
原來其實你
不需要我！
不！瑪麗
我是愛妳的！
至於為什麼沒結婚…
畫出來可能就變成
愛情偶像肥皂劇了吧。

瑪麗的大女兒伊蓮
後來從事科學研究，
但小女兒夏芙是走文青路線。
除了身兼作家、鋼琴家、
記者，還進入聯合國
兒童基金會，也相當長壽
的活了 102 歲。
夏芙就算
上了年紀
顏值也很高喔。

雖然一直到瑪麗去世
後許久，人們才發現到
輻射的危險性。
不過如果當時
已經知道的話，
科學界可能又是
另一個樣子了吧。
現在人們對於輻射危害的想像
已經到一個不可思議的程度，
要是小颯多喝了幾罐鐳飲料，
應該會長到50層樓高吧。

超科少年 6

——放射線×鐳×核子醫學——

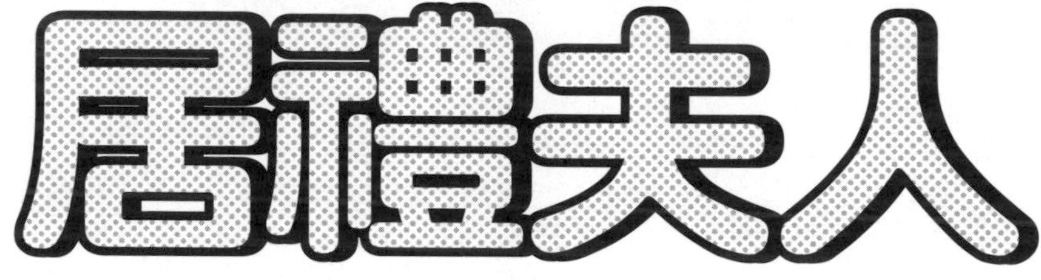

Madame Curie

漫畫科普系列 006

超科少年

Madame Curie

居禮夫人

國家圖書館出版品預行編目 (CIP) 資料

超科少年：居禮夫人 / 胡佳伶整理撰文；好面, 馮昊, 彭傑漫畫創作.
-- 第一版. -- 臺北市：親子天下, 2017.02
192面；17x23公分. -- (漫畫科普系列)
ISBN 978-986-94215-6-0(平裝)

1.居禮(Curie, Marie, 1867-1934) 2.科學家 3.傳記 4.漫畫

308.9　　106000297

漫畫創作｜好面 & 馮昊　監修｜彭傑　友善文創 Friendly Land
插畫｜ Nic 徐世賢
整理撰文｜胡佳伶
責任編輯｜呂育修
美術設計｜我我設計
責任行銷｜陳雅婷、劉盈萱

天下雜誌群創辦人｜殷允芃
董事長兼執行長｜何琦瑜
媒體暨產品事業群
總經理｜游玉雪
副總經理｜林彥傑
總編輯｜林欣靜
行銷總監｜林育菁
版權主任｜何晨瑋、黃微真

出版者｜親子天下股份有限公司
地址｜台北市 104 建國北路一段 96 號 4 樓
電話｜（02）2509-2800　傳真｜（02）2509-2462
網址｜ www.parenting.com.tw
讀者服務專線｜（02）2662-0332　週一～週五：09:00~17:30
讀者服務傳真｜（02）2662-6048　客服信箱｜ parenting@cw.com.tw
法律顧問｜台英國際商務法律事務所・羅明通律師
製版印刷｜中原造像股份有限公司
總經銷｜大和圖書有限公司 電話：（02）8990-2588

出版日期｜2017 年 2 月第一版第一次印行
　　　　　2023 年 7 月第一版第十次印行
定價｜350 元
書號｜ BKKKC060P
ISBN ｜ 978-986-94215-6-0 （平裝）
訂購服務 ——
親子天下 Shopping ｜ shopping.parenting.com.tw
海外・大量訂購｜ parenting@cw.com.tw
書香花園｜台北市建國北路二段 6 巷 11 號　電話（02）2506-1635
劃撥帳號｜ 50331356 親子天下股份有限公司

提醒：課程學習標籤僅供參考，以學校或教科書實際教學進度為準。

推薦序

漫迷 vs. 科普知識讀本

文／鄭國威（泛科學網站總編輯）

總有一種文本呈現方式可以把一個人完全勾住，有的人是電影，有的人是小說，而對我來說則是漫畫。不過這一點也不稀奇，跟我一樣愛看漫畫成痴的人，全世界至少也有個幾億人吧，所以用主流娛樂來稱呼漫畫一點也不為過。正在看這篇推薦文的你，想必也是漫畫熱愛者！

漫畫，特別是受日本漫畫影響甚深的臺灣，對這種文本的普及接觸已經超過30年，現在年齡35-45歲的社會中堅，許多都經歷過日漫黃金時代，對漫畫的魅力非常了解，這群人如今或許也為人父母，就跟我一樣。你現在會看到這篇推薦文，要不是你是爸媽本人（XD），不然就是爸媽或長輩買了這本書給你吧。你可能也知道，針對小學階段的科學漫畫其實很多，在超商都會看見，不過都是從韓國代理翻譯進來的，臺灣自己的作品就如同整體漫畫市場一樣，非常稀缺。親子天下策劃這系列《超科少年》，我想也是有感於不能繼續缺席吧。

《超科少年》系列第一波主打包括牛頓、達爾文、法拉第、伽利略等四位，每一位的生平故事跟科學成就都很精彩且重要，推出後也深獲臺灣讀者支持。第二波則推出孟德爾與居禮夫人，趣味跟流暢度我認為更高了。不過既然針對學生階段讀者，用漫畫的形式來說故事，那就讓我這個資深漫迷 X 科學網站總編輯先來給你三個建議：

第一、所有嘗試轉譯與普及科學知識的努力必然都會撞上「不夠嚴謹之牆」。身為科學傳播從業人士，我每天都在想該如何在科學知識嚴謹性，趣味性跟速度感之間取得平衡，簡單來說就是一直在撞牆啦！儘管如此，我們最歡迎的就是挑剔的讀者了，所以儘管漫畫很好看，但我希望你一定要挑剔，把你不太明白或有疑惑的地方都列出來，問老師、上網、到圖書館，或寫Email給編輯部，把問題搞得水落石出喔！

第二、科學人物史是科學與人文的結合，而儘管《超科少年》系列介紹的科學家都是超傳奇人物，故事早已傳頌，但要記得歷史記載的都只是一部分面向。另外，這些人之所以重要，當然是因為他們提出的科學發現跟見解，如果有空，就全家一起去自然科學博物館或科學教育館逛逛，可以與書中的內容相互印證，會更有趣！

第三、從漫迷的角度來看，《超科少年》的畫技成熟，明顯的日式畫風對臺灣讀者應該很好接受。書中男女主角的性格稍微典型了些，例如男生愛玩負責吐槽，女生認真時常被虧，身為讀者可以試著跳脫這些設定，不用被局限。

我衷心期盼《超科少年》系列能夠獲得眾多年輕讀者的喜愛與指教，也希望親子天下能夠持續與國內漫畫家、科學人、科學傳播專業者合作，打造更多更精彩的知識漫畫。於公，可以替科學傳播領域打好根基；於私，我的女兒跟我也多了可以一起讀的好書。

MONTREAL [illegible] How can one [illegible] [illegible] by [illegible] [illegible] of [illegible]

By ANNA KISSELGOFF

[illegible]

Avant-garde techniques, power and daring at a Montreal festival.

[illegible] Zab Maboungou, whose [illegible] [illegible] solo, "Incantation," [illegible] the contemporary and the traditional on a [illegible] [illegible] level. [illegible]

CHAPTER 1

閃問記者會

MADAME CURIE

10 個閃問穿越記者會

各位書上的來賓大家好，歡迎來到「10 個閃問穿越記者會」，我是主持人小原子，今天邀請到全世界最有名的女性科學家——居禮夫人！聽說她不太喜歡記者，這讓我相當緊張，不過這個症頭在她年紀大了以後減輕很多。現在就讓我們歡迎今天的來賓，諾貝爾獎得主與放射科學界的天后——**居禮夫人！**

OPEN

居禮夫人妳好，我是主持人小原子，非常謝謝妳經歷時空穿梭，咻得一下，從 20 世紀的法國來到這兒。妳可以說是最著名的女性科學家，尤其在妳的時代，科學界幾乎都是男人的天下，所以今天希望能多跟我們分享一下研究上的必勝絕招，如何讓這些臭男生好看。

嗨～小原子妳好，叫我瑪麗就可以了，我名字可沒有居禮喔。不過聽說在你們這個年代已經有好多女性科學家，真是讓人開心。說實在話，要兼顧家庭和事業真的很不容易！關鍵就是要嫁對人，像我的科學家老公皮耶，超級挺我的，從來不會要求我為了家庭犧牲工作，而且我的公公也會幫忙照顧孩子。

首先第一個問題是所有人最想問的問題啦，那就是妳在科學上的成就非凡，究竟該如何兼顧家庭、孩子和事業呢？

哇～真是羨慕有這麼好的老公，不知道有沒有兄弟可以介紹一下？不對、不對，離題了。談到孩子，我

們知道妳對教育也有自己的看法，可以分享一下嗎？

我覺得與其把孩子關在學校，更希望他們能熱愛大自然。而且只會死讀書是不行的，種菜種花、做模型、煮菜、縫紉也要會喔，這才能培養出獨立的個性。我也和幾位好友一起成立了合作教學計畫，讓大家的孩子一起上課，還要動手做實驗。我不會限制他們的發展，讓他們盡量接觸各式各樣的學習機會，才能知道自己喜歡什麼。我希望孩子不要有刻板印象，認為她們也得成為科學家，像我的小女兒夏芙是個戰地記者，我也覺得很棒！

哇！妳真是個很開明的媽媽耶！接下來想要問一下，妳身為歷史上讓男人落淚、俯首稱臣的女中科學豪傑，在由男性主導的科學界闖蕩有沒有遇到什麼困難呢？

我碰到的科學家同事並沒有把我當做異類，討論問題的時候也都聚焦在科學本身。身為一位女性科學家當然要更有衝勁，不要只等待機會降臨，要自己創造！不過法國科學院就老是對我有意見。哼！我最討厭請託拜票，院士評選當然要以候選人的科學成就決定，沒選我當院士才是他們的損失！

當然是他們的損失啦！妳不但獲得了二次諾貝爾獎，另外也得到獎章和榮譽職，他們還不選妳當院士，是有眼不識泰山啊！不過身為科學家，得到這些獎項和頭銜對妳有幫助嗎？

我能夠得到肯定，當然很開心，鉅額的獎金也可以解決研究經費的問題。但是得獎之後的記者採訪、演講邀約、還有無數的信件簡直快把我們搞瘋了，狗仔隊甚至在報紙上刊登我家小貓迪迪都吃什麼罐罐。最慘的是皮耶在得獎之後，嚇到整整有兩年沒有發表論文。我覺得大家應該要關注的是科學研究，而不是我們啊！

對啊對啊，做實驗的也不是迪迪。不過妳後來似乎也能逐漸適應，沒那麼抗拒鎂光燈了？

因為實驗室那麼多嗷嗷待哺的研究生，做實驗可是很燒錢的。我希望他們能專心在研究工作上，只好親自出馬爭取研究經費。妳看我第一趟去美國，得到了可以萃取一克鐳的經費，整整十萬美金耶！後來在華沙成立鐳研究所，也是靠我二度訪美才有經費的。科學推銷員，我也是略懂略懂。

辛苦妳了，不過當初為什麼不申請專利呢？這樣妳一輩子都不需要為研究經費操煩了。

雖然缺少研究經費一直讓我們過得很辛苦，但我還是沒有後悔當初的決定。我和皮耶都覺得科學研究不應該為個人利益服務，也因為沒有申請專利，大家都能用我們的方式提煉鐳，這門科學和技術才能如此進展快速，這不就是科學家最希望得到的結果嗎？

妳說得對！大家掌聲鼓勵。妳和皮耶真的在很多方面都很合耶，可以跟我們談談妳的先生兼科學好夥伴嗎？

我真的覺得能遇到他，實在是受到上帝的眷顧。我們兩個人對科學有著相同的熱情，也一樣喜愛大自然，討厭名利。兩人可以自然的互相扶持，我在他旁邊覺得無比安心。一同攜手研究的日子雖然辛苦，但也是我這輩子最美好的回憶，只可惜他死得太早了（拭淚）。

皮耶先生一定也覺得能遇到妳相當幸福（拍拍）。他後來有段時間身體似乎不太好，妳覺得這跟鐳有關係嗎？

鐳就像我的小孩一樣，我實在不願意相信它會傷害人。不過

後來，很多人可能是因為鐳的關係而生病或過世，皮耶和我也都飽受病痛折磨。現在想想，我被對鐳的熱愛所蒙蔽，還不知道鐳的負面影響，不過後來我應該要讓研究所的學生們更小心一點。

接下來想問妳一個有點尷尬的問題，如果不方便回答可以不回答沒有關係。就是妳和朗之萬之間有…曖昧（小聲）？

唉，都過了一百多年了，沒想到真相還是沒有解開。我也不想多說，但部分媒體、科學界人士和一些法國人的態度的確讓我很受傷，我大病了一場，心情非常憂鬱。不過後來我和朗之萬還是好朋友啦！我的女兒和女婿也都是他的學生，甚至是他的孫子還和我的孫女共結連理，妳說妙不妙啊！

妳能放下那段過去真是太好了。雖然法國人有時對妳很不友善，但第一次世界大戰爆發後，妳還是義無反顧為了法國犧牲奉獻，這是為什麼呢？

我分得很清楚啦！這就是學科學的優點，就事論事。從小我就知道亡國的滋味有多痛苦，所以也能體會法國人受到戰爭威脅的心情。尤其我還是個科學家，希望用科學專業幫助法國，所以我成立了機動的 X 光車，那些士兵都叫它「小居禮」，很可愛吧！戰時我和伊蓮訓練了一批女性的 X 光檢驗師，我深深覺得女性的細心特質，非常適合從事這一類工作呢！

非常感謝瑪麗小姐今天不辭辛勞來到這裡，從女性的觀點暢所欲言，跟我們分享妳的想法，穿越的時間實在有限，若是大家還有疑問，不妨仔細找找這本書，一定可以解答你的疑問喔！再度感謝這位最威的科學天后——瑪麗．居禮。閃問穿越記者會，我們下次見！

[illegible]

By ANNA KISSELGOFF

[illegible]

Avant-garde techniques, power and daring at a Montreal festival

[illegible]

CHAPTER 2

讚讚劇場

MADAME CURIE

是不是每個偉人都有悲慘童年

OPEN

小小瑪麗亞呱呱墜地

1867 年，小小瑪麗亞在波蘭的華沙出生，你應該不知道那時候的波蘭不是波蘭，而是被俄羅斯帝國統治。另外一件事不說你可能也不知道，居禮夫人小時候不叫居禮，她真正的名字是瑪麗亞．斯克洛道斯卡（Maria Skłodowska）。而這充滿曲折、讓人昏頭轉向的故事開頭，也顯露出瑪麗亞的科學家生涯總是不斷變化、卻又令人驚嘆。

瑪麗亞的家庭可說是書香世家，爸爸是位很厲害的高中老師，媽媽則在華沙經營一所著名的女子寄宿學校。雖然家境開始變得艱困，但是她的爸媽總是給與子女最好的教育。瑪麗亞的媽媽在生下她之後，就罹患了肺結核，這是一種很可怕的傳染病，但她是個勇敢的天主教徒，不願意讓孩子們察覺她的痛苦。她從不親吻兒女，只用手指溫柔的輕撫他們的額頭——在瑪麗亞的記憶裡，這是她與媽媽最甜蜜的近距離接觸了。雖然她對媽媽還是有滿滿的愛，只是不知道為什麼，媽媽從不抱抱她？總是用自己專屬的碗盤？常常不斷的咳嗽？瑪麗亞的天分從小就嶄露頭角，她在四歲的時候，就不小心讓二姊的小小心靈受挫。那天爸媽要二姊念一篇課文，她卻念得結結巴巴，瑪麗亞看不下去，從二姊手上拿過課本稀哩嘩啦的

▲瑪麗的出生地——華沙的弗萊塔街

▲總是少了媽媽的瑪麗亞全家合照（最左：瑪麗亞）

這個國家好波折——波蘭歷史小教室

在 10 世紀時，波蘭人建立了屬於自己的國家。1569 至 1648 年，波蘭與立陶宛組成聯合王國，成為歐洲面積最大的國家，這是波蘭的黃金時期，在世界貿易上舉足輕重，文化也獲得長足發展，因此波蘭人民擁有強烈的優越感。但在 17 世紀中期，俄羅斯和普魯士（德國的前身）崛起，波蘭國勢逐漸衰弱。

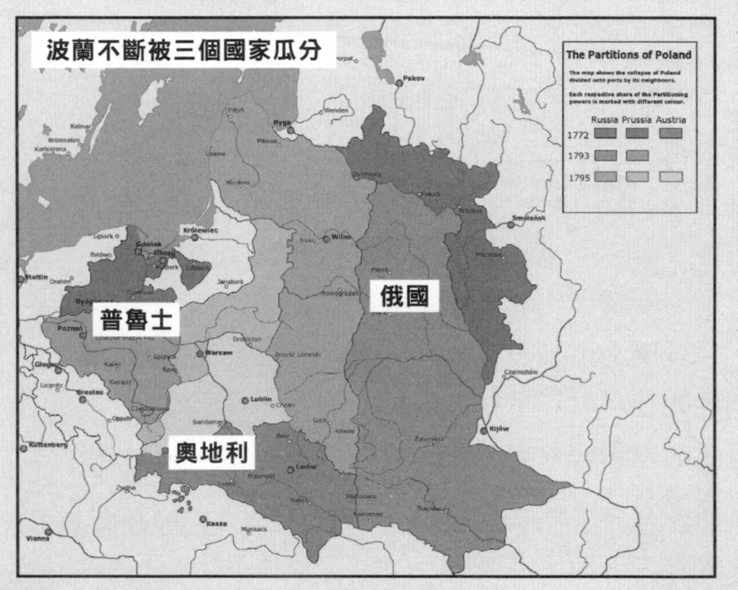

近代波蘭在 1722 年、1793 年、1795 年三次被俄國、普魯士、奧地利瓜分，一直到第一次世界大戰尾聲，波蘭才於戰後 1918 年復國。

念了下去，這讓二姊不太高興，也有點嚇到她的爸媽。瑪麗亞緊張的大聲哭道：「對不起，對不起，我不是故意的啦！不是我的錯，也不是二姊的錯，都是因為課文太簡單了啦，嗚嗚～」後來爸媽擔心她過分早熟，每當她拿起書閱讀，爸媽總是刻意轉移她的注意力：「妳的洋娃娃在哪裡？」「要不要去庭院玩呢？」

小瑪麗亞最喜歡爸爸的大書房，裡面有個玻璃盒子，裝著各式各樣令人目眩神迷的儀器：玻璃管、小天平、礦物標本、甚至還有一個金箔驗電器。爸爸以前總是將這些東西帶到

▲驗電器可以用來測量物體是否帶電，瑪麗亞總是對這些小儀器產生好奇

教室，但自從什麼都愛管的政府下令減少科學課程的授課時數後，這個玻璃盒子就漸漸塵封。瑪麗亞對這些迷人的小東西充滿好奇，有一天，爸爸告訴踮起腳尖凝視的她說：「這是物理儀器。」她覺得這個名字聽起來好有趣，開心哼著自己編的歌。

上帝為什麼要這樣對我？

那時候的波蘭飽受俄國霸凌控制，嚴禁學校使用波蘭語，或是教授波蘭文化和歷史。違反規定的教師會被解雇，學生也會受罰。瑪麗亞的爸爸經常為無辜的學生辯護，這讓效忠俄國沙皇的校長對他相當不爽，不但藉故減薪、降職，甚至收回公家宿舍。他只好不斷更換學校，住的房子也愈來愈小，雪上加霜的是有個在詐騙集團任職的親戚，說服他投資生意，卻害他虧掉全部財產。家中的經濟困境讓他不得已開起補習班，提供學生住宿和家教，多少補貼家用。

瑪麗亞進入私立女子學校就讀後，當然成為最好棒棒的學生，所有科目都是全班之冠。有一天，老師正偷偷以波蘭語教授波蘭歷史時，教室外忽然傳來急促的鈴聲，學生們很熟練的收起波蘭文課本，放在四個女生的圍裙上，讓她們從小門送到宿舍。俄國督學很快的出現在教室，旁邊跟著超會演戲的校長，二十五個小女孩演技也都很好，專注在手上的針線活。督學掀開了一個女學生的書桌，可沒這麼容易被抓到，抽屜裡面當然是一本書也沒有。

他要老師點一位學生接受問答，可憐的小瑪麗亞祈禱不要被點到，可是她是全班俄文最流利的學生，不點她要點誰呢！她用俄文背誦歷代俄國的沙皇，一陣冷顫和可怕的羞辱感湧上她的喉嚨。督學相當滿意，接著問道：「誰統治著我們呢？」瑪麗亞的臉逐漸蒼白，督學惱怒的提高嗓門再問了一次：「是誰統治我們呢？」「亞歷山大二世陛下。」瑪麗亞痛苦的咬牙回答著。好不容易熬過這段恐怖又屈辱的督導，她沉重的感受到亡國的悲哀，趴在老師懷裡痛哭。

然而不幸卻接踵而來，在瑪麗亞九歲那年，第一次體會了死亡的殘酷，大姊蘇菲亞不幸被爸爸補習班的孩子傳染斑疹傷寒，痛苦的發

燒、打顫、呻吟。她最後看到的大姊穿著白衣，雙手交叉，泛著蒼白的微笑，躺在小小的棺木中。在這之後，即使瑪麗亞多麼熱切禱告，媽媽的病情仍然每況愈下，在她十一歲那年，媽媽安詳的與丈夫和孩子們告別，她在空中畫了一個十字，低聲說：「我愛你們。」瑪麗亞再度憂傷的穿上黑喪服，小小年紀的她深切體認生命的殘酷，上帝實在是太不公平了，不只是對她的國家，還有對她的家人，把一切的快樂都從她身旁奪走。敏感又早熟的瑪麗亞是個自尊心很強的孩子，她的心裡從不向命運屈服，雖然沒有怨嘆，卻隱隱有股反抗之火，再也不願意向神祈求。

讓脆弱的心獲得喘息

瑪麗亞雖然對俄國這個戰鬥民族，咬牙切齒，但為了讓學歷能夠獲得認可，以及繼續升學，只得進入俄皇精神掌控的公立學校。但她反叛和愛國的心未曾改變，她和死黨卡西亞時常嘲弄俄國來的教師，偷偷的在教室跳舞慶祝俄國沙皇亞歷山大二世被刺身亡。一天她們的同學庫妮卡臉色鐵青，結果竟然是她的哥哥捲入叛亂事件被告發，即將被絞死。原本生性豁達的女孩們驚駭又痛苦，對飽受壓迫的波蘭人民來說，怯懦的服從下深埋著憎恨和反抗心。

▲沙皇亞歷山大二世被俄國的革命組織利用炸彈刺殺身亡

隔年，凡事優秀的瑪麗亞忽然身心崩潰，這是她一生中數次崩潰症的第一次發作。醫生含糊其辭，說是精神問題。或許在瑪麗亞刻意堅強的外表底下，也有脆弱又敏感的一面吧！她的父親安排瑪麗亞休息一年，到鄉間拜訪親友放鬆身心。或許是物極必反吧，這一年瑪麗亞對學習陷入了怠惰，反而被另一種對田園的熱愛所縈繞，壯麗的自然景觀、狂歡舞會、美食、音樂、游泳、划船、騎馬，她甚至有了這樣的感慨：「我想這樣快活的日子，以後再也享受不到了。」

家教老師，我最強

OPEN

不公平，不公平

結束了一年悠閒的長假，瑪麗亞終於又回到華沙與家人團聚。爸爸這時已經不再經營補習班，全家終於可以享受這得來不易的寧靜，在週末晚上圍在一起朗讀狄更斯的《塊肉餘生記》，在這樣的氛圍下，孩子們自然都成為正港的文青和科青。瑪麗亞當然想要繼續讀大學，可惜重男輕女的年代，只有男生可以上大學，真是超不公平！瑪麗亞和姊姊們都知道怨天尤人沒有用，於是一起揪團加入非法的夜間流動大學上課——自然科學與社會學應有皆有。當時的波蘭青年都有復興祖國的夢想，瞭解知識啟發民眾的力量；流動大學不只教育青年，也希望這些學生成為教育家。瑪麗亞流著波蘭人革命的血液，開始替成衣工廠的女工上課，還收集波蘭文書籍，成立小小圖書室。

▲大文豪狄更斯

◀塊肉餘生記是19世紀英國大文豪狄更斯的作品，也被視為是他的代表作。這部半自傳式的作品，描述一位小男孩如何從飽受折磨的孤兒，靠著自己與親友的幫助，最終找到自己的幸福。

夜間的流動大學

Flying University 正是這個夜間流動大學的英文名稱，但不是說學校會飛，而是在 1885 ～ 1905 年，為了躲避俄國的威權壓迫與教育箝制，這間大學課程與教室並沒有固定的教學場所，而是輪流在不同的地方上課。這所大學剛開始是開放給女性，後來則是開放給所有人。

二姊，大學妳去，學費我繳

夜間流動大學並不是瑪麗亞的最終目的地，想要去法國念大學的聲音一直在腦中鼓譟。巧的是二姊布洛妮雅也懷著法國學醫的夢想，也正為現實環境和學費苦惱。瑪麗亞大膽的向布洛妮雅提出一個計畫，她認為二姊年紀比較大，應該先出發讀書，自己可以去找個包吃包住的家教工作，幫姊姊付學費。等姊姊畢業成為醫師，就能反過來資助自己了！不過這項絕頂巧妙的計畫，一開始就因為遇到慣老闆而破功。瑪麗亞的雇主是位律師，沒想到他竟然沒有懲奸除惡的正直個性，實際卻是惡劣又陰險、愛擺闊又拖欠薪水。瑪麗亞見識到人性的黑暗面，這一年有如在煉獄般痛苦，她不再溫良恭儉讓，決定愛惜生命、遠離慣老闆！瑪麗亞接著換到鄉下任教，她喜愛大自然，鄉下又沒地方可以亂花錢，簡直是再好不過了，那最重要的老闆呢？

新東家是家製糖工廠的老闆，地點斯穌基（Szczuki）距離華沙非常遙遠，她揮別年邁的父親，坐了好久的火車才到達。男女主人很喜歡她，也與同齡的大女兒成為好朋友。生活除了平淡忙碌的教書之外，還在小閣樓裡開辦小教室，利用空閒時間教導農家和工人的孩子識字。孩子閃亮的眼神和得意驕傲的歡呼聲，以及父母驚嘆、欽佩的表情——瑪麗亞深深為這種光景感動。老闆慷慨答應讓瑪麗亞使用糖廠的圖書室，也從父親的往來書信中學習數學。在大量的閱讀中，逐漸發現真正喜歡的是物理和數學，但這種環境始終無法滿足對知識的渴求，她感到絕望又沮喪，能去巴黎該有多好，那是個能夠自由追求知識的城市，自己卻身不由己的困在窮鄉僻壤間。

初戀遇到媽寶爛情人

老闆的大兒子卡西米亞（Kazimierz Zorawski）剛由華沙返鄉過耶誕節。他發現這位家教聰明又多才多藝，深深為她傾心。後來他們陷入了熱戀，但敏感的瑪麗亞從來沒有將這份心意告訴任何人。隔年夏天，他們計畫結婚，一切看來是那麼美好，畢竟卡西米亞一家對自己熱情又親切，在她生日時送上鮮花和禮物，還曾邀請瑪麗亞的家人來訪。我們的男主角也是老神在在，自信的向爸媽提出婚事，沒想到父親氣到頭上冒煙、母親則是差點昏倒。他們最寶貝的兒子怎麼可以和一個窮人家教結婚？瑪麗亞非常痛心，很想一走了之，卻又害怕父親擔心，更重要的是她沒有辦法放棄這份薪水，只得默默吞下所有情緒。在這之後，她與家人的書信像是被無盡的黑影籠罩。

▲卡西米亞後來成為非常有名的數學家，雖然他並沒有與瑪麗亞有著完美的結局，但年老時常常在瑪麗亞的銅像前回憶過去。

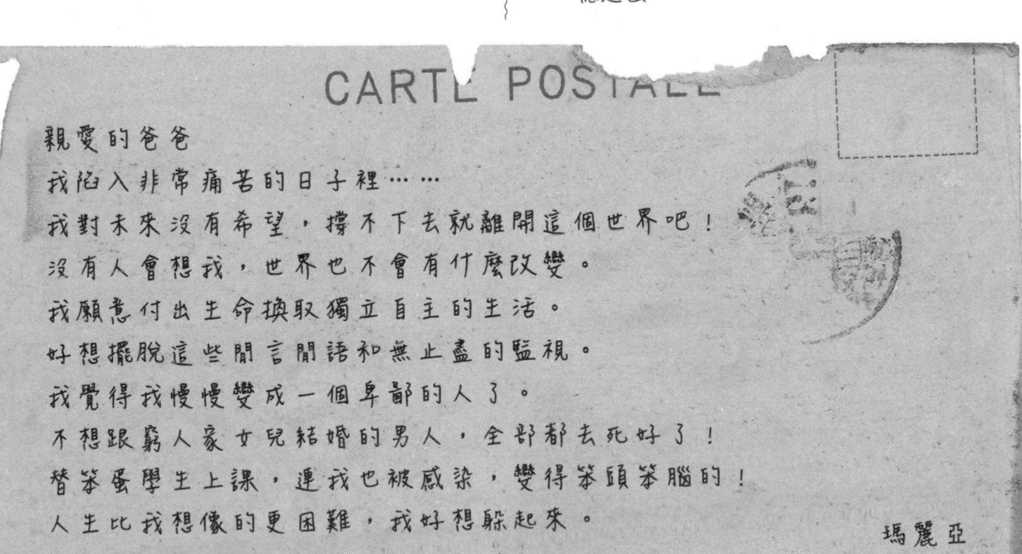

CARTE POSTALE

親愛的爸爸

我陷入非常痛苦的日子裡……

我對未來沒有希望，撐不下去就離開這個世界吧！

沒有人會想我，世界也不會有什麼改變。

我願意付出生命換取獨立自主的生活。

好想擺脫這些閒言閒語和無止盡的監視。

我覺得我慢慢變成一個卑鄙的人了。

不想跟窮人家女兒結婚的男人，全部都去死好了！

替笨蛋學生上課，連我也被感染，變得笨頭笨腦的！

人生比我想像的更困難，我好想躲起來。

瑪麗亞

▲工業農業博物館，瑪麗亞的表哥是華沙理工大學的化學教授，他在博物館內管理一間化學實驗室。就是這個環境燃起瑪麗亞的研究火花。

命運掀開最後一張王牌

無奈過了三年多，瑪麗亞終於找到新家教，一邊教書一邊又回到了流動大學。這時候命運打出了最後一張王牌，一間謎樣的「工業農業博物館」讓她重拾科學的熱情。曾經擔任著名化學家門得列夫（Mendeleev）助手的表哥，讓瑪麗亞跟著他在館內實驗室裡學習化學實驗。科學研究裡的小小希望、成功、失敗、快樂、落寞都牢牢抓住了瑪麗亞的心，但心中又充滿了各式各樣的聲音：有抱負的她想去巴黎；受親情牽絆的她，想留下來與家人在一起；當然還有她的初戀情人卡西米亞。原來卡西米亞一直懇求父母同意他們的婚事，在瑪麗亞二十四歲的那年夏末，他們一起前往山間度假，在那兩天裡，個性軟弱的卡西米亞還是無法下定決心，只能抱怨他的猶疑和害怕。瑪麗亞看到這個大媽寶，只能認清現實說分手，並且立刻寫信給布洛妮雅：「我現在可以去巴黎了！」

我的美好年代

OPEN

歡迎來到夢想之都

1891 年 11 月，24 歲的瑪麗亞踏出了她的一小步，卻是科學史上的一大步！她打包了一切生活用品寄到巴黎的二姊家，用一只大木箱裝滿可能用到的各種東西。瑪麗亞的灰眸閃爍著炙熱的光芒，卻又焦慮不安，她吻別了爸爸：「兩年、最多三年，我一畢業就會回來。我們又可以住在一起，永遠不分開，對不對？」當時的她只想著要趕快回到故鄉，找個小地方教書，卻不知道在她踏上火車的那一剎那，命運的巨輪已經開始轉動。巴黎的空氣是這麼自由！她忍不住大口大口

▲巴黎大學是世界上歷史最悠久的大學之一，教學歷史最早可以追溯到 12 世紀，可以看見學校保有許多歷史久遠的建築。

▲巴黎大學講堂

的深呼吸，她將名字從「瑪麗亞 · 斯克洛道斯卡」改為法文的「瑪麗（Marie）」，可是同學不能只叫她瑪麗（在那個年代是很沒有禮貌的），但是斯克洛道斯卡又饒口的難念，於是她成了那位「有漂亮灰金色頭髮、總是坐在第一排，名字很難唸的外國女生」。

大學課業並沒有瑪麗所想的那麼簡單，以為憑她的法文和科學知識要應付上課綽綽有餘，不料發現老師的法文說得太快，她竟然聽不太懂。而且在斯蘇基、流動大學、工業農業博物館所學到的科學，和巴黎大學理學院的紮實課程相比，竟然只是膚淺的皮毛。於是她加倍努力跟上進度，也深深的被黑板上的方程式所著迷，還有什麼比支配宇宙永恆不變的定律更迷人呢？在經歷了這麼多年的痛苦歲月後，終於可以盡情沉浸在知識的海洋裡，覺得自己或許可以捉住幸福。

姊夫是個相當愛國的波蘭青年，但被懷疑參與密謀暗殺俄國沙皇，因此無法回到波蘭，只能在巴黎成為開業醫生。他最喜歡在家裡開趴的歡樂氣氛，僑居巴黎的波蘭青年總愛到他們家串門子、吃點心，這位熱情的姊夫不時打斷瑪麗的埋頭苦讀，邀請加入他們的聚會。瑪麗也因此結交許多朋友，甚至還有未來的波蘭總統，這群人在每年聖誕節都會舉辦活動，義賣著名的波蘭餐點，演出波蘭戲劇。在一次波蘭節慶中，瑪麗甚至參加演出，她很開心寫信告訴爸爸這個消息，沒想到卻換來斥責：「妳會惹來大麻煩！巴黎有很多人在監視你們，妳如果以後還想回華沙討生活，就應該低調。」

神仙般的苦讀生活

瑪麗逐漸發現與二姊夫婦同住溫暖又迷人，卻完全無法專心念書；從二姊住處到大學，也需花上

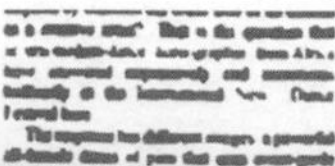

▲瑪麗因為沒有錢，只能勉強租間小閣樓，開始拮据的學生生活。

一個小時車程。四個月後，她決定搬到離大學比較近的小房間，並且將所有的心思都放在課業上，不想在日常的生活雜事上多花時間。與擅長烹飪的二姊不同，瑪麗從十七歲就開始當家教，每天教七、八個小時的課，從來就沒時間和機會學習煮菜或是打掃。花一整個早上煮一鍋湯？這段時間可以讀好幾頁的物理呢！ CP 值簡直低到不行。

為了省下木炭錢，瑪麗常常在有暖氣的圖書館讀到晚上十點關門，回家之後繼續點著小小的油燈苦戰到清晨，累昏了才將自己丟到床上。餓了就隨手抓起奶油麵包配杯熱茶，想吃大餐就去買雞蛋、巧克力或是水果。可惜瑪麗並不是神仙，幾個月後，她變得愈來愈虛弱，從書桌邊站起來就頭暈目眩，好不容易撐著到床邊，隨即失去知覺昏倒在床上。恢復意識後，她還是搞不清楚發生了什麼事；或許是病了？不過那也沒什麼關係，不妨礙唸書就好了。即使是在洗臉水都結冰的嚴冬，瑪麗也捨不得花錢買煤炭；如果冷到無法入睡，她會穿上所有厚衣，再將剩下衣服都堆到棉被上，但還是冷得直發抖，最後將房間僅剩下的一把椅子也壓在身上，希望重量可以帶給她溫暖的錯覺，動也不敢動，深怕這座奇異的城堡倒下。

直到有一天，她在同學面前昏倒，同學趕緊通知她的姊姊和姊夫，姊夫衝到小閣樓裡，這才發現瑪麗只顧著唸書，根本沒在吃飯，一整天只吃了蘿蔔和一小盒櫻桃；唸書唸到半夜三點，只睡了四個小時又去學校上課。他氣得帶瑪麗回家好好照顧。一回到家，二姊就為瑪麗準備了最好的藥方：「一大塊牛排、一大盤炸馬鈴薯」。對症下藥之後，她蒼白的雙頰才又恢復了血色，她急著回到閣樓準備考試，

答應姊姊和姊夫接下來會過著正常的生活。然後，又開始吃空氣喝露水的日子。

諾貝爾導師、第一名、光榮返鄉

瑪麗沉醉在各種數學、物理、化學的課程中，逐漸熟悉如何仔細觀察、精巧的進行實驗。李普曼教授（Gabriel Lippmann）對她讚賞有加，讓瑪麗負責一個新實驗。她熱愛物理實驗室裡那種專注又寧靜的氣氛，和周圍的同學們一樣的聚精會神，專注於實驗上。有不少男同學為她著迷，她的朋友瑞恩絲甚至得用陽傘像趕蒼蠅那樣，趕走那些死纏爛打的男生。在學術氣氛的滋養下，她的夢想愈來愈具體，決定要拿到兩個學位：物理和數學。三年前那個自卑的小女孩已然消失，但她遲遲不敢對爸爸表明自己的計劃，因為知道爸爸有多希望她能夠盡快回波蘭，找個安穩的教職，一家團圓。1983 年 7 月的褉熱盛夏，距離剛來到巴黎的那天不過短短兩年，瑪麗和其他學生關在考場裡，進行物理學位考試。她緊張到有好幾分鐘都看不清試卷上的文字，好不容易才填滿試卷交出。公布結果的那天，她擠進充滿考生和家屬的大講堂，第一名是「瑪麗．斯克洛道斯卡」！激動不已的她在朋友的恭賀聲中逃出，終於要回到兩千公里外的家鄉波蘭了！

▲ 李普曼與世界第一張全彩且不會褪色的彩色照片：李普曼是法國知名的物理學家，因為發明的彩色照相術，而獲得 1908 年諾貝爾物理學獎。

命運安排的相戀

OPEN

當真心想完成一件事，全宇宙都會聯合幫你！

瑪麗回來後無比開心的家庭生活，卻讓心裡更加憂慮——想著要怎麼回巴黎？哪來的錢去念第二個學位？但是爸爸希望自己能留下來教書。還好，當你真心想完成一件事，整個宇宙都會聯合幫你！在巴黎用陽傘幫瑪麗趕走一堆好色蒼蠅的瑞恩絲，就在她最需要時幫了大忙。瑞恩絲替她申請了一份資助波蘭青年的留學貸款，每年僅一個名額，金額足夠在巴黎生活十五個月了！她立刻啟程回到巴黎，完成未竟的夢想。

▲瑪麗在法國工業振興協會展開第一份科學研究工作

她的生命成為一場絕不後悔的賭注，知道自己擁有天賦，也下定決心要不惜犧牲一切成就夢想。一邊替同學家教、一邊埋首研讀，更棒的是獲得法國工業振興協會的委託，從事有關鋼鐵磁性的研究。她從賺到的第一筆薪資，迅速還清貸款，這史無前例的速度，真是嚇死基金會秘書了。瑪麗覺得如果有人也需要這筆金錢，但她卻將錢留在自己的口袋，那可是會良心不安！

當天雷勾動地火

自從卡西米亞的爸媽拒絕這位家教開始，瑪麗就相信窮人家的女孩是得不到愛情。那次失敗又痛苦的初戀，讓她決定人生中不再需要戀愛或婚姻。即使每天在大學裡和

眾多男生一同工作，羞怯又矜持的她完全無法和他們擦出一丁點火花。1894 年的初春，瑪麗在斯穌基認識的波蘭籍物理學家——克伐拉斯基先生和太太來到巴黎蜜月旅行，順道安排了好幾場演講和會議，還抽空和她相聚聊聊近況，瑪麗向他們說到困境：「我現在幫協會測試各種鋼鐵的磁性，需要分析礦石和收集各種樣品，但缺少一些很精密的設備；教授實驗室又太擠，我根本不知道要去哪才能做實驗。」克伐拉斯基想了一下，對她說：「我認識一位叫做皮耶・居禮（Pierre Curie）的科學家，他在學校教書。這樣吧，明天我約他來一起喝茶，或許他能幫妳也不一定。」

於是隔天晚上，瑪麗前往克伐拉斯基夫婦的落腳處。她看到皮耶的第一眼時，他正好站在陽台旁的窗邊，雖然當時他已經三十五歲，但修長的身材配上稍微寬鬆的服飾，帥氣的短鬍和清澈眼神，看起來有一種獨特的魅力。而皮耶則是被她的秀髮、圓潤的額頭，還有被化學藥劑沾染的雙手所吸引。他們初次見面就相談甚歡，他可以自在談論專業術語、複雜的公式，而她也能向皮耶侃侃而談，請教正在進行的鋼鐵磁性研究。皮耶忽然問她：「之後妳會留在巴黎嗎？」瑪麗回答：「不，今年夏天通過碩士考試後，我就要回到華沙了。雖然很希望秋天能再回來，但我不知道有沒有辦法。之後希望能在波蘭教書、貢獻國家，

同樣科學超厲害的皮耶・居禮

皮耶十八歲就大學畢業，十九歲開始擔任實驗助理，與哥哥共同發現「壓電效應」，甚至還有一項以他為名的「居禮定律」，說明物質的磁性會和溫度有關，當達到特定溫度時，磁性會完全消失。

◀壓了就會發電的壓電效應
皮耶兄弟最早發現電氣石具有一種特殊的性質，也就是壓電效應。當對電氣石施加壓力時，就會產生電壓；反過來通過電壓時，電氣石的形狀就會發生變化。這個後來可以應用到各種發聲裝置，可以將特殊材料通過各種不同的電流訊號，產生震動發聲。

同樣感情很受傷的皮耶．居禮

皮耶從小愛作夢又敏感，不太適應學校生活，但還好做為醫生的父母親非常開明，由母親教他讀寫、父親帶他認識大自然。皮耶周密的思慮和洞察力讓他一頭栽進了科學的世界，在二十歲那年，青梅竹馬的女伴慘死過世，這讓他深受打擊，發誓從此要過著苦行僧的生活。他和瑪麗一樣並不打算戀愛、結婚，決定獻身研究。不過，這樣的想法在遇見瑪麗後徹底改觀。

畢竟波蘭人是沒有權利放棄祖國的。」當天晚上他們就同赴一家學生餐廳共進晚餐，兩人談到錯過了末班火車，只得走路回家。

妳沒有權利放棄我！

之後皮耶對瑪麗展開熱烈追求。他送的第一個禮物不是玫瑰花、也不是巧克力，竟然是他的論文抽印本；還前往實驗室關心她的實驗狀況，拜訪她簡陋的閣樓房間。他們在週末一起到鄉間散步，分享大自然的景色與家人。皮耶還在瑪麗的鼓勵下，以他的磁性研究提出優異的博士論文。到了 1894 年夏天，瑪麗在通過數學學位考試後，準備回到波蘭。皮耶很擔心她再也不回來。「妳會再回來嗎？答應我，一定要回來！待在波蘭是沒有辦法繼續做研究的，妳沒有權利放棄科學！」瑪麗知道，皮耶這句話其實有著更重要的含意——「妳沒有權利放棄我！」對她來說，要嫁給一位法國人，表示要永遠離開家、放棄波蘭，這簡直是可怕的背叛行為，因此遲遲不肯答應皮耶的求婚。

皮耶甚至提出，如果瑪麗不願

意嫁給他是因為不想離開波蘭的話，那他願意一起回到波蘭，他可以在那裡教法文，之後再一起想辦法從事科學研究。他也向瑪麗的二姊發動攻勢，請求她幫忙，還邀請她們姊妹到他雙親的家，連他的父親也拜託讓他早點抱孫子。一直到 1895 年 7 月，瑪麗終於下定決心。大哥寄給她一封充滿家人關愛的信：「親愛的小妹，妳終於要嫁給居禮先生了。哥哥真心祝福你，希望你們能一起尋找幸福和快樂，這些都是妳應得的……沒有人會因為這件事怪罪妳，我相信妳不會拋棄波蘭、也不會拋棄我們。與其妳回到波蘭而一輩子身心破碎，為了那沉重的責任而犧牲，我寧願妳幸福滿足的在巴黎生活……」7 月 26 日這天，瑪麗穿上深藍色的毛衣和青色的條紋罩衫，沒有婚紗、金戒，也沒有大肆慶祝的喜宴和宗教儀式，在家人和最親近朋友的見證下，瑪麗正式成為了大家所熟知的名稱——居禮夫人！

最美好的時光，最「鐳」的愛情

OPEN

甜蜜蜜新婚小夫婦

這對新婚小夫婦的蜜月旅行超級特別，他們用堂哥送的結婚禮金買了兩部腳踏車，來趟不跟團的自由行，夫婦倆穿過樹叢、溪谷和山丘，餓了就坐在林間吃乳酪、麵包和水果，天黑了就找一家小民宿住下來。想到森林冒險時，就放下腳踏車，走上步道散步。兩人接著拜訪二姊夫婦，並說服了瑪麗的爸爸和三姊在法國多留一陣子，於是這裡有了華沙的感覺。有時候老居禮醫生夫婦也會來拜訪，那就更熱鬧了。這時從巴黎傳來一個好消息：皮耶要升正教授了！皮耶和瑪麗在巴黎定居，他們不想多花時間在裝潢布置上，過著簡單的生活。房子裡只有一張大書桌、可以讓夫妻倆對望讀書的椅子，桌上則放著大量物理書籍。白天他們都在物理學校工作，晚上皮耶準備學校的課程時，瑪麗則準備中學教師的考試。校長准許瑪麗在沒課的空檔使用學校的實驗室，於是瑪麗離開教授實驗室，與皮耶一起進行磁性研究的工作。

▲居禮夫婦剛開始只能借用學生實驗室做實驗。

1897年初，瑪麗懷孕了，身體和精神狀況也因懷孕而變差，沒辦法像以前那樣全心進行研究工作，瑪麗的爸爸趕緊從華沙到巴黎照顧她。八月時，皮耶終於抽空和瑪麗相聚，瑪麗心情大好，挺著八個月的大肚子，和皮耶又進行了一

趟腳踏車旅行，不過這果然還是有些勉強，這回她被火車送回了巴黎，老居禮醫生為她接生了一個可愛的女孩，取名為伊蓮。瑪麗非常愛伊蓮，親自餵奶、帶她散步、幫她洗澡換尿布，雖然忙碌，但她從未考慮過因為孩子而暫停工作。三個月後，她順利完成磁化研究的論文報告，送交國家技術研究院，獲得一筆獎金。

▲居禮夫婦全家福，中間是大女兒伊蓮。居禮夫婦不知道有沒有想過，伊蓮會繼承「家業」，成為諾貝爾化學獎得主。

放射性元素，你是逃不出我的手掌心！

瑪麗的下一個計畫是攻讀博士學位！當時世界上還沒有任何一位女性獲得科學的博士學位。她和皮耶一起閱讀近期的物理文獻，希望能找到適合的研究題目。1895年，德國物理學家倫琴（Wilhelm Rontgen）發現了一種神祕的X射線（X光），整個物理學界都為之瘋狂。而隔年貝克勒（Henri Becquerel）偶然發現，鈾也可以發出像X射線一樣能發出穿透物體的射線。瑪麗被貝克勒的研究吸引，這個未知的領域讓她想知道這種射線到底是什麼？

瑪麗利用居禮兄弟發明的靜電計，準確測量鈾射線經過空氣所產生的微弱電場。幾個禮拜後，她發現鈾射線所引發的電流相當穩定，不會受到光或熱影響，也不管鈾是塊狀或粉狀、潮濕或乾燥，或是與其他物質混合，只要鈾金屬的含量愈高，釋放的射線也就愈強。這項實驗證實了鈾射線是來自鈾元素本身，那麼其他的元素呢？她又測試了各種樣品，發現釷也能夠放出射線。更驚人的是她發現有種含鈾礦物——瀝青鈾礦，比鈾單獨所引發的電流更強，這表示礦物裡有比鈾更厲害的新元素！皮耶勸瑪麗先別急著發表，他覺得不需要倉促行事，「第一」只是種虛名。不過瑪麗有自己的想法，認為得先向科學界提出報告，確認自己才是首位發

▲沒想到居禮兄弟在 15 年前所發明靜電計（瑪麗桌上的儀器），竟然成為瑪麗實驗的關鍵，讓人不得不相信所謂緣分的存在。

▲瀝青鈾礦的主要成分是二氧化鈾（UO_2），外表就像是一粒粒葡萄狀，顏色呈現黑色或棕色。除了鈾以外，還含有其他種放射性與稀有化學元素，不過居禮夫婦此時並不知道，他們想找到的新元素卻是異常稀少。

現的人。1898 年 4 月，她寫了一份簡短的報告，由老師李普曼代為提出，在文章中她第一次使用了「放射性」（radioactivity）這個名詞。果真兩個月前，有另一位德國科學家也觀察到類似的結果，但是卻慢了瑪麗一步！

1000000:0.1

對科學家來說，發現新元素可是非同小可。於是識相的皮耶放棄了自己的結晶研究（咦？），與瑪麗一起尋找新元素。他們發現礦石內含有兩種新元素。1898 年 7 月，瑪麗決定將第一種新元素命名為「釙」（Polonium），以紀念她的祖國波蘭（波蘭語 Polska）；同年十二月，他們發表了第二種新元素「鐳」（Radium，名稱來自放射線 ray）。下一步，他們要分離出釙和鐳，證明礦石內確實有這兩種元素。這件工作遠比他們想像得還要更加困難，原本估計新元素在瀝青鈾礦中佔了百分之一，但後來的結果更是誇張——不到百萬分之一！1 噸的瀝青鈾礦大約僅能提煉出 0.1 克的氯化鐳。

居禮夫婦不斷的搜購瀝青鈾礦，原來的空間已經不敷使用，雖然校長答應讓他們使用舊醫院的解

▲「破舊不堪，空無一物」簡直是居禮夫婦新實驗室的代名詞。再過不久，這個空間就會被無數的鈾礦殘渣與難聞的臭味所佔據。

▲得來不易的 1 公克鐳。即便是化學技術發達的現代，1 公克的鐳也要將近 5000 元新台幣，比黃金還要貴上許多。

剖室，但那充其量只能說是一間破爛的鐵皮屋。實驗過程中會產生有毒氣體，所以只能在露天的地方工作。瑪麗幾十公斤、幾十公斤的分批處理堆積如山的礦渣，用和她差不多高的鐵棒，不斷攪拌煮沸的礦渣，如果有鐵屑或煤灰掉進濾清後的溶液，好幾天的工作就會泡湯。偶爾夫婦倆會在晚上到實驗室去，看著試管內的成品發出微弱、柔美的光芒，有著漂亮的顏色。

科學家可不能靠光芒和漂亮的顏色過日子，他們經濟拮据，上有老父、下有幼女，但他們都認為不該用科學來賺錢，自始至終從未申請任何專利，大方公開煉鐳的詳細過程。還好，來自外國的奧援不曾停歇，維也納科學院答應送他們一噸瀝青鈾礦；在法國數學家彭卡萊的安排下，皮耶前往巴黎大學擔任教授，瑪麗也成為師範學校的老師。他們過了四年這樣艱困又忙碌的生活，瑪麗後來寫道：「在這個破舊的木棚下，我們度過了生命最美好的幸福歲月，我們把全部的一切獻身給研究工作。」1902 年 3 月，他們終於從八噸多的礦物中，分離出一公克的鐳！

地表最強女科學家

OPEN

研究要做，身體要顧！

研究到不吃不睡的居禮夫婦，身體愈來愈糟，瑪麗變得又乾又瘦。好友甚至寫了一封長達十頁的萬言書勸他們：「我若像你們這樣糟蹋自己，早就真的成仙了。你們兩人簡直不吃東西。拜託，至少也要為你的女兒想想吧！」皮耶的身體狀況則更糟，他的腿經常劇痛，甚至連握筆都有困難。當時他們從未想到，這可能和他們熱愛的放射線有關，皮耶曾經向科學院報告他的發現：「我將手臂暴露在鐳的照射之下，大約有六平方公分的皮膚變紅，但不會痛。第二十天，皮膚開始結痂潰爛。第四十二天，傷口周圍的皮膚再生。瑪麗用試管裝了一些放射性物質，放在厚鐵盒裡，她拿著厚鐵盒也受到灼傷。我們的雙手經常脫皮，指尖硬化疼痛發炎，皮膚脫落後兩個月還是很疼。」

治療的無形力量——放射線

雖然放射線會破壞細胞內的 DNA，讓細胞死亡，進而傷害我們的身體。但是我們也可以使用放射線殺死有害細菌，甚至是癌症病患體內的癌細胞。以前是用鈷 -60 做為放射線的來源，殺死癌細胞，不過隨著醫療科技的發展，現在已經有很多種放射線治療方式，甚至可以將放射線集中在腫瘤部位，而不是全身，這可以有效降低副作用和避免傷害正常的細胞。

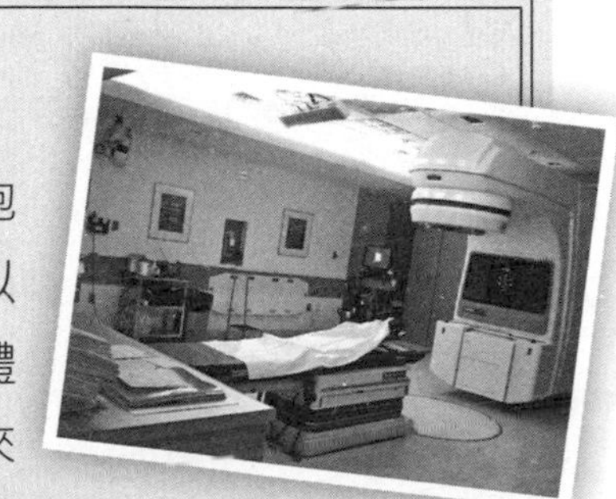

▲病患可以躺在平台上接受放射線治療。醫師可以透過軟體和儀器定位出腫瘤位置，給與最適當治療方式。

KONGLIGA SVENSKA
VETENSKAPS-AKADEMIEN

[illegible]

ALFRED NOBEL

[illegible]

PIERRE CURIE
OCH HANS HUSTRU FRU
MARIE CURIE

[illegible]

[illegible]

Stockholm den 10 December 1903

[illegible]

▲這是居禮夫婦的第一座諾貝爾獎，上面寫著：「以表彰他們研究貝克勒教授發現的游離輻射現象時做的非凡工作」。

1902 年 5 月，瑪麗接到好幾封信，寫道父親動了膽結石手術。一開始家人要她安心，之後卻忽然接到一通病危電報，她想立刻回到波蘭，沒想到護照手續太過繁複，到前往波蘭的途中就已接到父親的死訊。悲痛欲絕的她跑入靈堂，固執的要求將棺木打開，跪在遺體旁，祈求父親原諒自己自私的追求成就，二姊最後不得不拉開她。之後瑪麗變得更為疲倦，夜裡她輕微的夢遊症常常發作，無意識的在房間裡遊蕩。

姊就是霸氣！

英國皇家學會邀請皮耶到倫敦演講，他當時身體狀況還是沒有改變，兩腿發抖、雙手疼痛，甚至無法自己扣扣子。儘管如此，演講仍然相當成功，他特別提到放射性研究是夫婦共同的成果，而且瑪麗的貢獻舉足輕重。六天之後，瑪麗提出博士論文口試，二姊特地從波蘭趕來分享她的榮耀，還強押瑪麗添購新衣裳。那天小講堂擠滿了人，當代優秀的科學家、老居禮醫生、

二姊、女子學校的學生們都到場，畢竟她將是全法國第一位獲得博士學位的女性。她輕柔的回答三位口試委員的提問，幾個小時後，主席宣布：「巴黎大學頒給妳理學博士學位。」這位主席就是瑪麗的諾貝爾獎導師李普曼。

更令人振奮的是 12 月 10 日，諾貝爾物理獎揭曉，頒給了研究「放射性」的貝克勒和居禮夫婦！但其實在宣布得獎名單之前，可是有一番激烈的辯論。當年的提名名單裡只有貝克勒和皮耶兩人，還好評審委員中有一位倡導女權的瑞典數學家力排眾議，並且告訴皮耶有這樣的情形，最後在這位數學家和皮耶的抗議下，瑪麗因此成為第一位獲得諾貝爾獎的女性！評審委員原本擬定居禮夫婦獲諾貝爾物理學獎的理由是「發現新的放射性元素」，但另有化學家認為，發現鐳元素應該是要頒予化學獎而非物理獎。或許就是得獎原因中並沒有提到他們發現釙和鐳兩種新元素，這才讓瑪麗有得到第二次諾貝爾獎的機會。不過他們並沒有參加頒獎典禮，因為兩人都還在教書，這時候出國會讓授課進度變得一團亂，更何況瑪麗先前因為流產而遭受打擊、身體一直沒有好轉，這讓皮耶只能要求延後得獎演講。

汪汪，狗仔來啦！

諾貝爾獎讓居禮夫婦獲得了鉅額獎金（現在單一獎項的總獎金約為 3000 萬元新台幣），終於有能力聘請實驗助理，皮耶也因此獲聘為巴黎大學的正式教授。但這項榮

Huit pages : CINQ centimes — Dimanche 10 Janvier 1904.

Le Petit Parisien

SUPPLÉMENT LITTÉRAIRE ILLUSTRÉ

DIRECTION: 18, rue d'Enghien (10e), PARIS

UNE NOUVELLE DÉCOUVERTE. — LE RADIUM

M. ET Mme CURIE DANS LEUR LABORATOIRE

▲ 居禮夫婦登上了 1904 年的法國報紙

耀也讓他們捲入了一場大災難。騙子假借居禮夫婦的名號吹噓鐳的療效，鐳簡直成了萬靈丹，可防止禿頭、不讓白髮滋生，可治療眼盲、結核病、神經痛！狗仔隊將他們視為搖滾巨星，24 小時緊盯實驗室和住家，趁居禮夫婦不在家時，從六歲小女兒伊蓮的口中套出她和保母的對話。新聞刊載他們的照片、漫畫，連家中小貓咪迪迪的照片也上了報。信件不斷轟炸信箱：要求親筆簽名；邀請參加宴會、汽車展、新戲彩排；對文藝獎結果發表評論；同意在大廳裡展示他們的照片；讓賽馬取名叫做瑪麗。酒館裡的表演節目，演出他們兩個人趴在地上，尋找在提煉過程中不慎遺失的鐳。他們不得不赴法國總統府參加晚宴，一位女士問瑪麗要不要介紹希臘國王給她認識，瑪麗在回答「沒必要」之後才驚覺對方竟然是總統夫人，趕緊轉彎：「夫人，我是說怕擔誤國王的時間，這可是我的榮幸」。

1904 年 12 月，瑪麗生下了第二個女兒夏芙，這讓她重新對生命充滿熱情。隔年六月，他們終於履行諾貝爾獎的得獎演講，皮耶剛度過混亂的一年半，他在得諾貝爾獎之後，再沒有發表過論文。但他在演講中疾呼：「我和諾貝爾一樣，深信人類從新發現得到的益處會多於害處。」那次的旅行十分愉快，但之後皮耶的健康狀況仍不理想，他在 1905 年 11 月寫給朋友中的信裡說：「我很容易累，無力工作。但我的妻子活躍多了，孩子、教書、實驗室，一分鐘不得閒，她負擔了大部分的實驗室工作。」

▲ 二女兒夏芙（圖左，圖右是伊蓮）是居禮夫婦家庭中唯一沒有走入科學界的人，她後來成為作者與記者，親筆為她深愛的母親留下傳記。

不是每個戀曲都有美好結局

OPEN

為什麼不能一直幸福下去？

居禮一家趁著復活節假期前往巴黎近郊度假，伊蓮和夏芙在草地搖搖晃晃的追逐蝴蝶，手還拿著新開的小花，皮耶和瑪麗並肩躺在草地上，享受難得的放空時刻。星期一晚上，皮耶先行搭火車回城，瑪麗則是在禮拜三晚上帶著孩子返回巴黎，那天晚上他們還一起去參加物理學會的晚宴，聊到了教育改革。星期四一大早，陰鬱的巴黎下著雨，但皮耶的行程很緊湊，中午和晚上都有聚餐，中間還得抽空到出版社校訂文稿。在結束午餐聚會後，他冒著大雨前往出版社，撐著傘跨過擁塞的馬路，卻不小心滑倒，後頭的馬車伕緊勒韁繩，但還是來不及阻止後車輪輾過皮耶的腦袋。

在一陣混亂中有人指責車伕，也有人說是黑衣男子衝出來。警察好不容易控制住場面，將死者抬到警察局，查出他的身分竟然是剛獲諾貝爾獎的皮耶。總統府派了信差到居禮家，但瑪麗已經到實驗室去了，在門鈴第二次響起，老居禮醫生看到科學部主任艾培爾與同事皮蘭的哀戚神情，他什麼也沒問，就說：「我的兒子死了。」瑪麗在晚間六點回到家，發現家裡不尋常的氣氛，艾培爾據實以告，瑪麗的世界瞬間崩毀，呆住了好一段時間，才勉強問：「皮耶死了？死了？他真的死了？」從這一刻起，瑪麗不但成為寡婦，她內心的孤獨也築起了一道巨大的堡壘。

她鎮定的請皮蘭夫人讓伊蓮留在他們家，打了簡短的電報「皮耶車禍死亡」給波蘭的家人，將皮耶的遺體運回家裡，她和仍有微溫的皮耶共處一室。直到隔天早上，皮耶的哥哥雅各趕來，她才終於崩潰

▲在這個忙亂的街上發生了誰都不想看見的意外，如果皮耶能夠多點耐心、多探頭注意一下周圍，或許就可以避免這場悲劇。

大哭。全世界的報紙都刊載了這個消息，弔唁的電報和信件湧來，瑪麗迅速在禮拜六早晨舉行了葬禮，婉拒送葬的行列和官方代表，只有幾位親近的朋友和家人，像是卡爾文爵士、瑪麗的哥哥和姊姊趕來參加。這年瑪麗 38 歲，皮耶 47 歲，她和皮耶結婚 11 年，這 11 年來他們朝夕相處，一同生活也一起工作，分享一切喜怒哀樂，現在她卻只能在她的小灰本子裡，以雜亂無章的筆跡傾訴她的痛苦和對皮耶的思念。

在布洛妮雅離開前的最後一個晚上，她請二姊進入房間，雖然天氣並不冷，但暖爐裡燃燒著熊熊的火焰。「布洛妮雅，妳得幫幫我。」她鎖上門，從衣櫥裡拿出一個黑色包裹，打開之後又是個用白布仔細包好的包裹，她顫抖的拆開繩子，原來這是皮耶意外時所穿的衣服，沾滿了乾泥和血跡，她無法遏止奪眶的淚水，用剪刀將這些衣服剪成碎片，丟入火爐。忽然她停了下來，瘋狂擁吻這些衣物，直到布洛妮雅將剪刀和衣物搶下。瑪麗抱住二姊哭喊：「我不能讓別人碰這些，妳懂嗎？我以後要怎麼活下去？我該怎麼辦？」布洛妮雅花了好大的

力氣安撫她，讓她躺在床上睡著。

築起堡壘的堅強

瑪麗和皮耶在剛結婚時就曾經交換過關於生離死別的想法，那時候的皮耶說：「世事無常，就算一個人也必須繼續研究下去。」瑪麗做夢也沒想到，皮耶會這麼快就離他而去。她斷然拒絕了國家的撫恤金，和公公搬往離皮耶墓地不遠的蘇鎮（Sceaux）新居。巴黎大學在隔月決定聘請瑪麗接任皮耶的職位，這是首度有女性擔任高等學校教職。1906 年 11 月 5 日，她在巴黎大學的第一堂課湧入了名媛貴婦、藝術家、攝影記者、波蘭移民，全場以如雷的掌聲歡迎她，她沒有多說任何感謝或緬懷的話語，而是接續皮耶授課筆記的最後一句話往下講：「想想這十年來物理學的進展，必然會訝異我們對物質與電的想法改變了多少。」

另一項挑戰來自她和皮耶的好友卡爾文爵士，高齡 83 歲的他認為鐳不是一種元素，而是鉛和氦原子所組成的，這全盤否認瑪麗的科

▲巴斯德研究院和巴黎大學共同設立的鐳研究所。

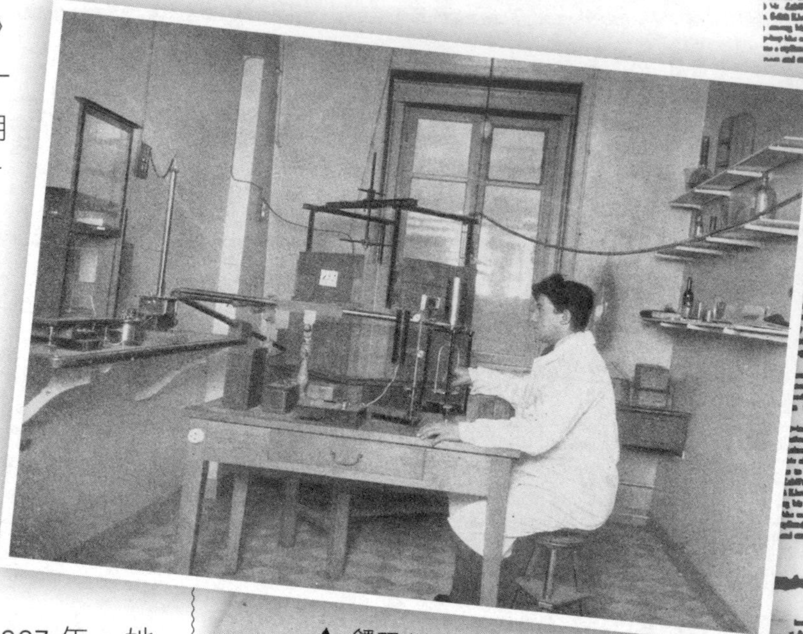
▲ 鐳研究所的研究人員

學成就。《泰唔士報》成了戰場，戰火甚至一路延伸到專業科學期刊。瑪麗認為沒必要打筆戰、比嘴砲，但需要用事實證明她是對的。在歷經四年的艱辛工作後，瑪麗與同事在 1910 年才成功分離出 0.1 公克的純鐳金屬。不過卡爾文爵士在 1907 年過世，沒能看到被打臉的時刻。1907 年，她在鋼鐵大亨卡內基的資助下，成立了基金會、設立獎學金，得以聘任助理協助實驗工作，瑪麗一向優先選擇波蘭青年和女性為獎勵對象。1909 年，巴斯德研究院和巴黎大學合作設立鐳研究所，其中放射性物質研究室由瑪麗主管。

1910 年 2 月 25 日，老居禮醫生在肺炎臥病一年後，以 82 歲高齡與世長辭，瑪麗向挖墳的工人提出請求，將皮耶的棺木挖起，將老居禮醫生放在底部，再把皮耶放下去。之後瑪麗負起獨自養育兩個孩子的重擔，她相當重視孩子的教育，聯合了幾位朋友，讓孩子們不用去學校，而是由頂尖老師親自教導化學、物理、數學、歷史、藝術、文學和藝術史；帶孩子們參觀羅浮宮、動手做實驗。這特殊的共學團體持續了兩年，之後她將伊蓮和夏芙送入私立學校就讀。她注重兩個孩子知識、健康和精神發展，伊蓮和夏芙都會多種外語、烹飪、滑雪、縫紉、騎馬、彈鋼琴，也和瑪麗一起騎自行車、游泳、健行。但她從不在女兒面前談起皮耶，她不願意在孩子和任何人面前流淚。

一慘還有一慘慘

OPEN

不倫之戀，醜聞纏身

1910 年 11 月，瑪麗獲得法國國家科學院院士候選人的提名，她的競爭對手是 66 歲的物理學家愛德華．布朗利（Edouard Branly），他對無線電報研究有卓越貢獻。但

▲佩里（Marguerite Catherine Perey）是法國國家科學院 68 年後的第一位女性院士，有趣的是她是瑪麗的博士班學生，也研究放射性元素，是鍅的發現者，不過也因為癌症而去世。

1909 年的諾貝爾物理獎頒給了同樣對無線電研究有貢獻的義大利工程師古列爾莫．馬可尼（Guglielmo Marconi），這讓法國人覺得顏面無光，也覺得應該要補償這位科學家。瑪麗雖然和皮耶一樣對人情請託的陋習不以為然，但她還是勉強依照慣例，花了兩個禮拜逐一拜訪現任院士、爭取支持。有些自由派報紙刊出頌揚瑪麗的文章，但也有些報紙發起對瑪麗的攻擊，在頭條新聞分析她的字跡和面相，利用不實八卦謠言攻擊。他們質疑瑪麗是有猶太血統的波蘭人，怎麼可以獲選為法國國家科學院院士！她不過是沾了皮耶的光，放射性研究應歸功於這位法國科學家，瑪麗不過和皮耶結婚才能獲得諾貝爾獎。1 月 23 日的院士選舉，瑪麗以兩票之差敗北，她從此將國家科學院列為拒絕往來戶，不曾送交任何研究計畫，或是為他們撰寫任何文章。而

▲ 1911 年第一屆索爾維會議，裡面總共出現了 9 位諾貝爾獎得主。瑪麗在前排右起第二位，低頭和法國大數學家龐加萊討論。愛因斯坦則在後方站立右起第二位，那時他才 32 歲，是當中最年輕的一位。

法國國家科學院要再等了 68 年，才首度有女性院士。

在這之後，瑪麗又陷入了另一個風暴。在皮耶和老居禮醫生相繼過世之後，她和相識十年的朗之萬（Paul Langevin），由好友情逐漸昇華成相互傾慕。朗之萬是皮耶的學生，也是居禮夫婦的好友和同事，不過他已為人夫，和瑪麗過度來往的結果，卻開始為他們帶來更大的麻煩。1911 年 10 月，第一屆索爾維會議（Solvay Conference）在比利時布魯塞爾召開，瑪麗、皮蘭、愛因斯坦、朗之萬、拉塞福等當代物理學菁英首次齊聚一堂，討論放射性物質和原子結構。瑪麗是 24 位科學家中唯一的女性，於 1905 年發表狹義相對論的愛因斯坦則是最年輕的一位，瑪麗還在會議後替他寫了一封推薦信。

會議尚在進行之際，巴黎的報紙從 11 月 4 日開始，紛紛以瑪麗

索爾維會議（Solvay Conference）

索爾維會議是由比利時的一位化學家兼企業家歐內斯特·索爾維（Ernest Solvay）所創立的。他因為發明出碳酸鈉（蘇打）製造方法而致富，在企業成功之餘，也積極投入科學發展與教育上。歐內斯特在 1911 年號招了當時最出名的物理學家齊聚一堂，就成為了第一次索爾維會議，此後每三年舉辦一次，目前已經有索爾維物理會議以及化學會議。

▲比利時布魯賽爾的大都會酒店因為舉辦第一次的索爾維會議而知名

與朗之萬的不倫之戀為標題，大幅聳動報導。斗大的標題「實驗室戀情——不甘寂寞的居禮夫人與朗之萬」怵目驚心；有些報紙則痛批「一個詭計多端的外國女人，使用不科學手段破壞正當的法國婚姻」；甚

至八卦媒體暗指皮耶是因為受不了瑪麗偷情而故意衝向馬車自殺。瑪麗悄悄返回巴黎，卻發現民眾聚集在她的住處，一邊朝她家的窗戶扔石頭、一邊大喊「滾出來，外國佬！」或是「偷夫賊！」，這嚇壞了 14 歲的伊蓮和 7 歲的夏芙。她趕緊帶著兩個女兒前往好友博雷爾夫婦家避難。

諾貝爾獎雪中送炭

在這一片混亂之際，瑪麗在 11 月 7 日接到電報，得知她因發現鐳和釙元素，獲頒諾貝爾化學獎。她這次的獲獎頗受爭議，有委員認為這和她先前獲諾貝爾物理獎的理由類似，且自上次獲獎後並沒有突破性的成果。不過友情和親情對她的聲援比諾貝爾獎還更窩心，皮耶的哥哥雅各、博雷爾夫婦、皮蘭夫婦、德比奈都紛紛為她挺身而出。瑪麗在二姊布洛妮雅和大女兒伊蓮的陪伴下，前往瑞典斯德哥爾摩領獎，她在得獎演說中清楚區分她和皮耶各自的努力：「分離鐳的化學程序，是**我**發展出來的；也是**我**看出它是一種新元素」、「**我**稱為放射性鹽的物質」、「**我**使用……、**我**進行……、**我**發現……、**我**取得……」。但也沒忘記提到皮耶的貢獻。

回到法國之後，她崩潰病倒，被擔架送進醫院，到隔年 1 月底才出院，但腎功能已嚴重受損。3 月，她又回到醫院接受腎臟手術，之後隱居巴黎近郊，她拋棄了居禮的姓氏，伊蓮寫信給她時，得寫「斯克洛道斯卡女士收」。不料，她的病情又惡化，到療養院靜養一個多月。最後接受英國好友赫莎的邀請，前往英國靜養。由於朗之萬與太太的離婚協議書中並沒有提到瑪麗，巴黎大學覺得情勢趨緩，也願意歡迎當代唯一二度獲諾貝爾獎的瑪麗歸隊。1912 年 12 月 3 日，她終於又在實驗紀錄本上寫下筆記，上一個紀錄的日期是 1911 年 10 月 7 日，中間足足有一年多的空白…。1913 年 9 月，瑪麗再度前往英國，接受伯明罕大學頒給她的榮譽博士學位，這時她也恢復使用居禮的姓氏，這讓伊蓮非常開心，也鬆了一口氣。

衝衝衝，踏遍天下我尚勇！

OPEN

戰地小居禮，出發！

1914 年 7 月 30 日，第一次世界大戰爆發了，瑪麗拿著一個幾乎提不動的箱子，那是個 20 公斤重的鉛盒，裡面裝著法國僅有的　公克鐳，前往銀行將鎮國之寶安置妥當。這場戰爭來得太快，瑪麗沒有思考太多，先拋下政府對皮耶的忽視和民眾對她的侮辱，以極高的行動力展現她的愛國和忠誠。她想到能提供 X 光技術，幫助軍醫找出傷患體內的砲彈、子彈碎片，或是檢查骨折。她還請名媛貴婦捐助金錢和車輛、向實驗室募集器材，就在這樣的拼拼湊湊之下，被阿兵哥們暱稱為「戰地小居禮」的機動 X 光車正式成軍！

瑪麗學著操作 X 光機、研讀人體解剖學，還練習開車修車。17 歲的伊蓮返回巴黎陪伴瑪麗，成為她的得力助手。1914 年 10 月，共有 20 輛小居禮 X 光車和 200 個定點 X 光站，在戰爭期間為數百萬的法國士兵照射 X 光。戰爭的殘酷讓伊蓮變得堅強，瑪麗認為她的技術和心態都足夠成熟，就放手讓她獨自帶領一個小隊前往別的戰場。但人力依舊嚴重不足，她利用鐳研究所的場地訓練女性做 X 光檢驗師，讓她

▲瑪麗與她的「戰地小居禮」拯救許多軍人的性命。「戰地小居禮」裡裝設有 X 光設備，長木板下方裝有一個 X 光發射器，病患可以直接躺在木板上接受檢查。

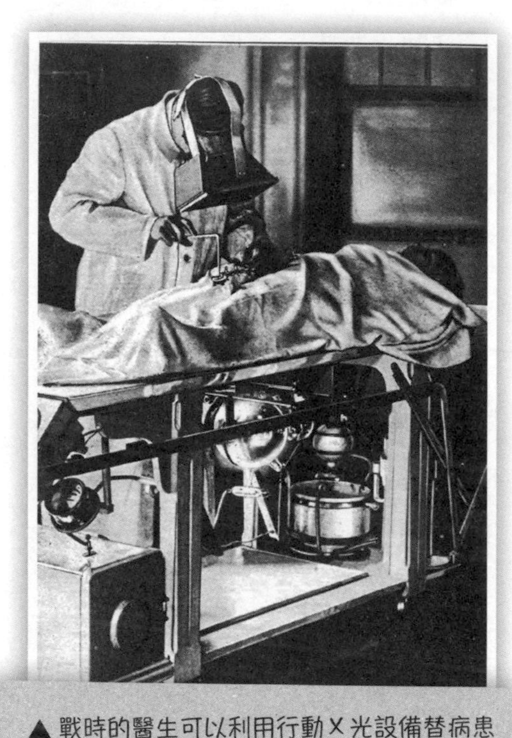

▲戰時的醫生可以利用行動X光設備替病患開刀，醫生頭上戴了一個巨大的面罩，可以從這個面罩看到X光影像。

們跟著小居禮投入戰場醫療。除了奉獻專業知識外，不算富裕的瑪麗將所有獎章都捐給國家，伊蓮的教育基金也都拿來購買公債。1918年11月11日，這場牽涉27國、死傷千萬人的第一次世界大戰終告結束。隔年夏天，瑪麗完成了《戰爭期間的放射學》，書裡寫道：「科學研究總在特定時機發揮意想不到的效果，這提醒我們基礎科學研究的重要性，並對埋首枯燥實驗的科學家致上最高敬意。」

意料之外的交會

瑪麗向來厭惡媒體，畢竟她的隱私和感情生活，曾經被無情的檢視和抨擊。但是在53歲那年，因為一位熟識的藝術家朋友請託，她接受了美國女性雜誌《描繪者》（Delineator）編輯麥洛妮（Meloney）的專訪。或許是因為同樣身為有堅強意志和衰弱身體的女性（麥洛妮有肺結核，從小因為意外跛腳），也或許是因為麥洛妮很會問問題，讓兩人一見如故。麥洛妮非常訝異，當時美國科學家有優渥的待遇和完善的實驗室，但二度獲諾貝爾獎的瑪麗，只有微薄薪水和簡陋的實驗室。美國有五十克的鐳，但發現它的瑪麗僅僅有一公克。她和皮耶刻意不申請專利，所以從未因為成千上萬的癌症患者接受鐳治療，而有額外收入。麥洛妮最後問了瑪麗一個問題：「如果妳可以許一個願，世界上妳最想要的東西是什麼？」瑪麗毫不猶豫的說：「一公克的鐳。」

兩天後，麥洛妮按下瑪麗家的門鈴。提出一個瑪麗壓根也沒想過的計畫：「一公克鐳要一百萬法

郎，也就是十萬美元，我可以募集到這筆錢，但妳必須到美國訪問，親自接受贈與。妳還可以出版妳替皮耶寫的傳記，這也可以賺一大筆錢。條件是我的出版公司要有妳的獨家訪問。」瑪麗喜歡她的簡單直率，同意這項提議，但朗之萬的事會不會再度重演呢？麥洛妮回到美國後，發動了瑪麗．居禮的鐳募款活動（Marie Curie Radium Campaign），邀集科學家、石油鉅子洛克斐勒的妻子、美國副總統柯立芝的妻子、美國癌症協會創始人密德夫人，和其他的名媛貴婦組成委員會，還親自出馬拜訪紐約每家報紙的總編輯，希望他們不要提到朗之萬。

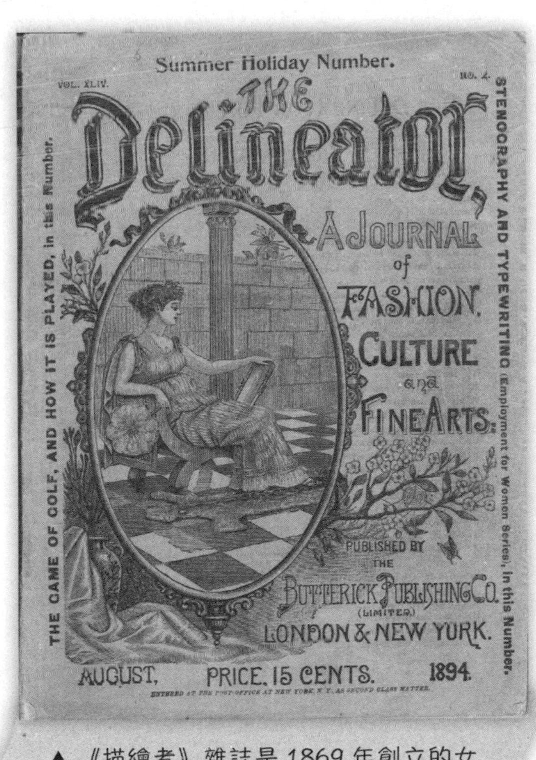

▲《描繪者》雜誌是 1869 年創立的女性時尚雜誌，在 1937 年停刊。

科學界的搖滾巨星

1921 年初，麥洛妮安排瑪麗前往美國：「妳會接受美國總統哈定（Harding）親自贈與，還得拜訪大學、研究機構、接受榮譽學位和獎章、出席宴會。嗯，要六個禮拜才夠。別擔心和女兒分開太久，帶她們一起來，歡迎你們住在我家。不要相信巴黎的報紙，那一公克鐳是給妳的，才不是給大學，要怎麼用隨便妳。」瑪麗放下她的堡壘、克服恐懼，開始懂得接受別人的幫助。巴黎人知道後，引起一陣嘩然，瑪麗簡直是國際大學者，但是先前卻被法國科學院嫌棄。教育部長趕緊詢問瑪麗是否願意接受榮譽勳章，卻遭拒絕。《全知雜誌》為她安排了盛大的歡送儀式，並保證呼籲法國人捐款給鐳研究所，她為了鐳研究所的發展，才同意了此項安排。1921 年 4 月 27 日，歡送會在歌劇院舉行，掌聲歷久不息。

▲瑪麗一行人搭著超級豪華郵輪奧林匹克號抵達美國。
這艘船來頭不小，是鐵達尼號的姊妹船。

幾天之後，麥洛妮帶著瑪麗和她的兩個女兒登上奧林匹克號郵輪。船一抵達美國，瑪麗就被眼前的景象嚇壞了，蜂擁而上的記者將她的帽子、手提袋都給撞開。「請看這邊！居禮夫人，頭往這邊！」「微笑！看這！」「這裡！頭抬高一點！」記者七嘴八舌的詢問她的私生活，她雙唇緊閉，一句話也說不出來。碼頭上還有上千人等著歡迎她，三百位波蘭裔婦女揮舞著美國、法國和波蘭國旗，她逃亡般的走下踏板，鑽進大轎車消失無蹤。

接下來的行程簡直比巡迴演唱會還緊湊，獎章、榮譽市民、美國科學聯會、研究室開幕、學校訪問、榮譽學位、演說、私人聚會。沒幾天的功夫，她的右手就被過分熱情的民眾拉傷，只得綁著繃帶。伊蓮和夏芙成了超級代言人，23 歲的伊蓮穿上大學服代替媽媽接受榮譽學位，16 歲的夏芙則在美國大出風頭，她年輕動人，個性與媽媽和姊姊完全不同，成為大家的焦點，媒體稱她「眼睛裡閃爍著鐳的光芒」。

放射性的恐怖逆襲

OPEN

放射性的逆襲

美國之旅徹底改變了54歲的瑪麗，她了解自己的角色已和之前大不相同，身為實驗室主管，必須懂得像個明星一樣出席各項社交場合，好為實驗室爭取經費。她希望年輕的科學家能夠不為經費煩心。「如果你想要某樣東西，你必須提出要求，讓人們知道你在做什麼。」她反覆思考，當年和皮耶拒絕從研究中獲利的想法究竟是不是個錯誤，她說：「我仍相信我們做了正確的決定。」但就在訪美的前一年，她的身體已經開始出了些狀況，白內障與嚴重耳鳴等大小病痛，都讓她無法工作。自己也隱約感覺到，這或許和長年處理放射性元素有關。面對瑪麗的病痛，美國和法國的名醫卻也束手無策，她只能每天和貧血、全身無力、低血壓、發燒等各種病痛搏鬥。

▲放射性元素需要用厚重的鉛塊封住，避免放射線外洩。感謝居禮與科學家的努力，讓後來的放射性研究變得更為安全。

放射性的逆襲不只發生在瑪麗身上，美國鐘錶公司的一群女工也深受其害，她們利用刷子在手錶錶面塗上能在黑暗中發光的鐳混合物粉末，刷子每刷幾筆就會變形，她們就用嘴巴把刷子舔尖，也將鐳吃了下去。甚至有些女性會因為愛美，用發光的鐳混合物來點綴嘴唇和指甲。沒有幾年的時間，她們的牙齒開始脫落，上下顎腫脹穿孔，視力模糊，有十幾位女性死亡。愈來愈多證據顯示這些問題和鐳有

關，研究與證據促使各國政府採取行動，英國成立 X 光輻射保護協會，瑪麗也參與法國醫學院的改善安全措施任務。研究人員必須使用厚重的鉛金屬密封放射性物質、身穿防護衣操作實驗，並且定期抽血檢驗。

另一對科學戀人

1924 年，有位 24 歲的年輕軍官弗雷德里克 · 朱利歐（Frederic Joliot）到了鐳研究所應徵助理，他熱愛科學，崇拜皮耶和瑪麗，臥室裡還貼著他們的照片。更重要的是，這個傢伙是朗之萬的愛徒，瑪麗當然不會拒絕朗之萬的請求。瑪麗讓弗雷德里克協助 27 歲的伊蓮工作，沒想到他深深被冷漠又孤僻的伊蓮吸引，慧眼獨具的看見伊蓮自信、詩意又敏感的內心。短短兩年，他們就決定互訂終生。一開始瑪麗並不看好這段戀情，甚至要他們簽下婚前協議，確保伊蓮能獨自繼承鐳研究所的放射性物質。1926 年 10 月 9 日，這段年齡相差三歲的戀人在巴黎結婚，他們倆把姓氏一起改成朱利歐 - 居禮。這對戀人與皮耶和瑪麗相似度高達 87%，結婚那天，他們吃完慶祝午餐的下一個行程，竟然是回實驗室工作。伊蓮不久後生下女兒海蕾妮，小孫女為瑪麗的生活帶來許多新樂趣，瑪麗也逐漸發現朱利歐的聰明才智，愈來愈喜歡他。

▲弗雷德里克與伊蓮也因為人工放射性的研究獲得 1935 年的諾貝爾化學獎

最後的夢想與結局

瑪麗有了新的夢想，她渴望能在孕育她成長的華沙開創另一間鐳研究所，進行放射性和癌症治療的研究。才剛從戰亂中復原的波蘭雖然對她的計畫很感興趣，卻沒有足夠的經費支援。瑪麗當然想起了她的好友麥洛妮，即便當時美國經濟跌到谷底，麥洛妮依舊使命必達，

安排她於 1929 年 10 月二度訪美，接受胡佛總統的致贈。1930 年，弗雷德里克獲得博士學位；夏芙也逐漸在藝術領域嶄露頭角，並在麥洛妮的建議下開始撰寫樂評、影評和戲評。瑪麗接受了第四次白內障手術，復原狀況良好。但周遭的親人卻接連傳來不好的消息，皮耶的哥哥得了重病。二姊的女兒在芝加哥可能因自殺身亡，當年照顧她的二姊夫也過世。伊蓮被診斷出肺結核，但她堅毅的個性和瑪麗如出一轍，不顧醫生的反對二度懷孕，在 1932 年 3 月生下一個兒子，取名為皮耶。他們夫妻二度錯過發現中子和質子的重要契機，但終究在 1934 年 1 月 15 日發表「人造放射性元素」，這項發現大幅加速了核子物理學的進展，他們還將全世界第一個人造放射性元素裝在試管裡送給瑪麗。

但就在不久之前，瑪麗接受 X 光檢查，發現一顆很大的膽結石，這讓她非常憂心，畢竟她的父親就是死於膽結石手術的併發症。她似乎自知來日無多，開始交代後事，請麥洛妮安排將鐳的所有權移轉給鐳研究所，還要銷毀所有的信件（但麥洛妮沒有信守承諾，保留了一部分）。她和伊蓮、弗雷德里克、孫女，一同前往阿爾卑斯山度假的一天晚上，她竟然沒有告訴任何人，獨自登上阿爾卑斯山最高峰

▲ 瑪麗為華沙設立的鐳研究所，現已更名為居禮研究所（Curie Institute）。

白朗峰欣賞日出，讓所有人擔心不已。1934 年 3 月，她甚至和布洛妮雅兩人駕車進行五週的公路旅行。度假回來後她不顧醫生反對繼續工作，五月的某一天，她覺得身體不太舒服提早回家，路上還交代園丁要好好照顧枯萎的玫瑰，之後她再也沒有返回她心愛的鐳研究所。

醫生認為瑪麗可能感染肺結核，建議她住進山區的療養院，雖然 X 光片顯示肺部沒有問題，但長途跋涉讓她的健康更為惡化，夏芙隨侍在側，瑪麗的兄姊也來探望。有一天，瑪麗忽然高燒到 40 度，醫生告訴夏芙，瑪麗恐怕不久於人世，她在半夢半醒之間，恍惚的評論實驗。7 月 3 日，體溫總算下降，卻只是迴光返照，伊蓮此時也已經趕到療養院。1934 年 7 月 4 日，瑪麗抗議醫生為她注射：「我不要打針，不要管我。」之後沒多久，就嚥下了最後一口氣，在 67 歲那年死於再生不良性貧血。瑪麗的棺木被安放在皮耶之上，布洛妮雅和約瑟夫從華沙趕來，在瑪麗的棺木上撒了一把波蘭的泥土。

▲瑪麗在華沙的舊居已經變成紀念博物館，外牆上的壁畫畫上瑪麗抱著嬰兒，嬰兒手中的試管跑出瑪麗所發現釙和鐳。

MONTREAL, Que. [illegible]

By ANNA KISSELGOFF

Avant-garde techniques, power and daring at a Montreal festival.

[illegible]

CHAPTER 3

祕辛爆爆

MADAME CURIE

超放射科學史——這些元素好危險！

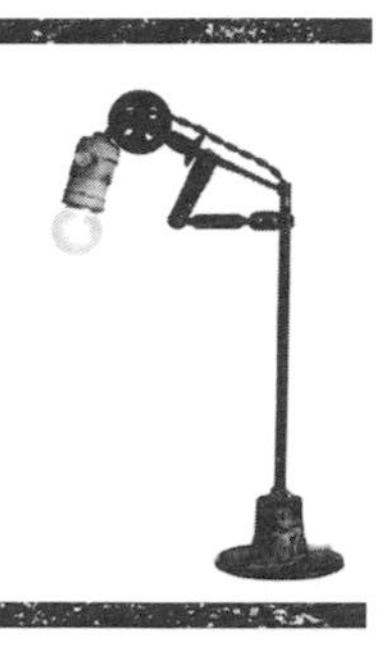

放射吧！元素

不起眼的瀝青鈾礦竟然含有這麼多元素。瀝青鈾礦是一種具有放射性的礦石，在剛果、加拿大、澳洲、捷克、德國、英國、盧安達和南非都有分布。礦石中絕大多數是鈾，釷、鏷和鐳含量非常稀少，所以可以想見居禮夫婦當初的實驗是非常辛苦且危險。

1789 年，德國化學家馬丁．克拉普羅特在瀝青鈾礦中發現了鈾元素，並將其以天王星（Uranus）命名。而貝克勒則於 1896 年發現了鈾的放射性。

釷

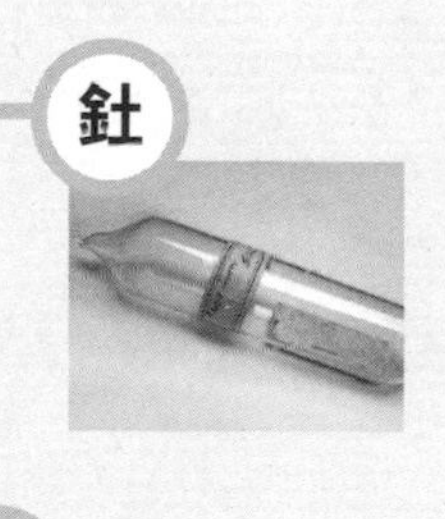

1828 年，瑞典化學家永斯．貝采利烏斯在釷石礦發現了釷，此後以北歐神話的雷神索爾（Thor）命名。等到 1898 年，瑪麗和格哈特．施密特才同時發現了釷具有放射性。

鏷

1898 年由居禮夫婦發現。

1898 年由居禮夫婦發現。

最早的放射線是？

貝克勒可說是最早發現放射線的人，他意外將鈾和底片包在一起，結果發現鈾散發出放射線可以讓底片曝光，產生史上第一張鈾的放射線自拍照。

放射線襲來！

Radioactivity

Radioactivity（放射性）是指不穩定的化學元素自發的放出放射線，像是 α 射線、β 射線、γ 射線等。而 Radioactivity 一詞是由居禮夫婦所創立的。

放射線有三種

α 射線

α 射線其實是一種放射性粒子，由兩個質子及兩個中子組成，雖然具有強烈的放射性，但是只要薄薄的一張紙就可以阻擋。

拉塞福

我可是人稱繼法拉第前輩之後，最強的實驗物理學家。α 射線和 β 射線都是我在 1898 年發現的。

維拉德

拉塞福別得意，γ 射線可是我在 1900 年早你一步發現的！

β 射線

β 射線則是電子，穿透力比 α 射線強一些，但是只要一片薄鋁板就可以擋住。

γ 射線

γ 射線才算是真正的電磁波，穿透力超級強，需要超厚的混凝土牆或是鉛板才可以阻擋。

注意！還有一道 X 光

X 光和上述的放射線有些不一樣，放射線來自於放射性元素本身，然而 X 光則是因為高速電子撞擊金屬靶後，電子減速減少的動能轉變成光的型式。最著名的 X 光就是德國科學家侖琴在 1896 年所拍攝的一張經典照片。

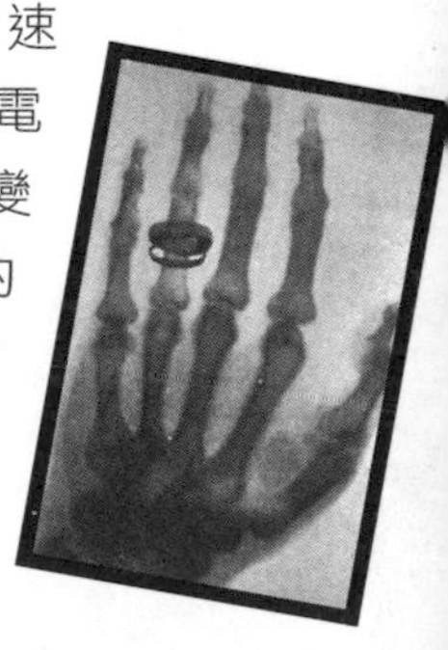

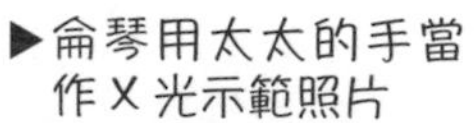

▶侖琴用太太的手當作 X 光示範照片

可別小看原子

瑪麗所研究的放射線可是對於了解原子的結構很有幫助，而這項任務就讓拉塞福大顯神威吧！拉塞福就此不斷利用 α 射線照射各種化學元素，也果然一舉衝撞出好成績，逐漸揭開原子結構的神祕面目。

拉塞福的原子模型成為日後原子結構的基礎

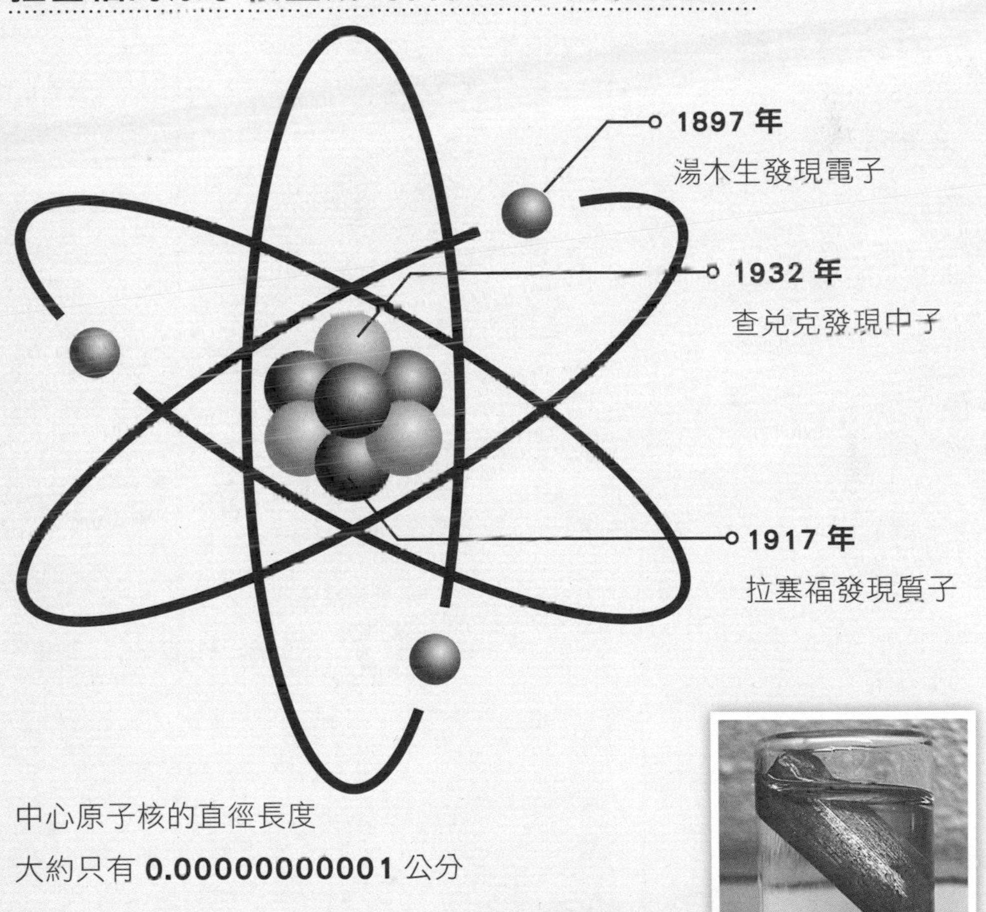
1897 年
湯木生發現電子
1932 年
查兌克發現中子
1917 年
拉塞福發現質子

中心原子核的直徑長度
大約只有 **0.00000000001** 公分

上圖中的化學元素模型是我們常常聽到的鋰原子。鋰有三個質子、三個中子和三個電子，是銀白色的金屬；它的化學性質非常活潑，所以必須隔絕空氣，儲存在礦物油中（右圖）。

原子結構變變變

1808 年

約翰．道爾頓認為所有的化學元素都是由原子組成，並且原子是無法再被分割的，所以原子是物質組成的最小單位。

1904 年

由於湯木生發現了電子，因此推論出原子不是物質組成的最小單位。原子裡面還有帶著負電荷的電子。

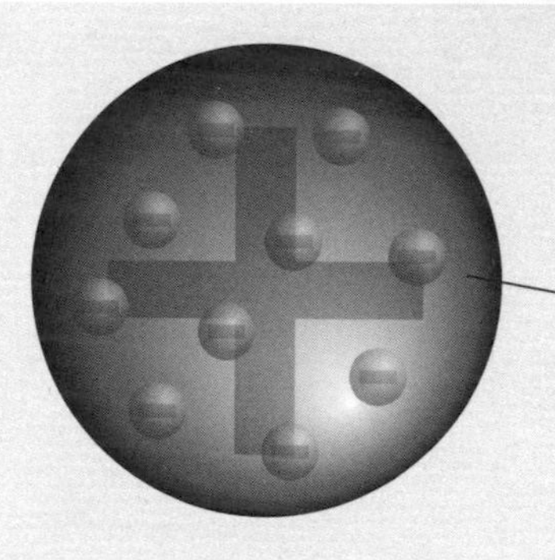

正電荷均勻散布在
球體中；電子則是
分散在表面。

1909 年

拉塞福透過金箔實驗，利用 α 射線照射金箔，發現原子結構就像太陽系一樣，電子會繞著原子核轉動。

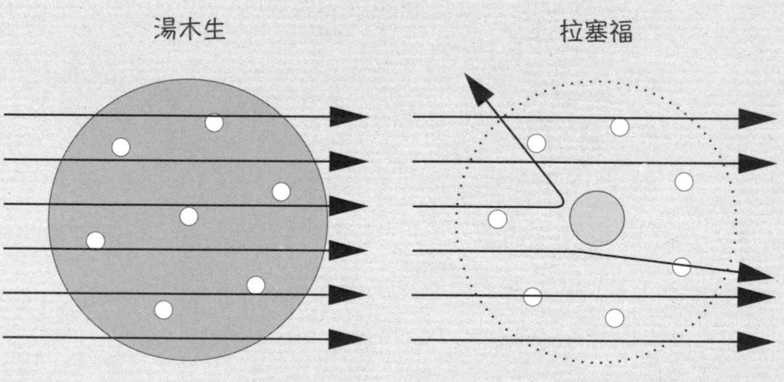

這個超厲害的實驗說明如果原子結構像湯木生所說的話，那麼 α 射線應該可以直接穿過（上圖左），但是結果卻發現有少數的 α 射線像撞牆一樣，偏離原本的方向，表示原子中央一定有個核心（上圖右）。

瑪麗研究祕笈大公開

當你看到這裡時，是不是覺得瑪麗絕對是一等一的好學生，難怪才能成為這麼偉大的科學家。不過光是努力念書這點，還不一定可以成為優秀的科學家喔！看起來溫柔、和善的瑪麗可是藏著許多驚世絕技，可以讓你在讀書上突飛猛進，搞不好也能在科學路上一飛沖天！

OPEN

第一招：作筆記，作筆記，作筆記！

身為一位讀書人和科學家，作筆記也是非常合理的！尤其是要進行實驗的科學家，身邊更是要有一本筆記本，隨時記錄實驗數據。當然不只是這樣，從實驗的構想到之後的計算，也都要詳實寫下才行。俗話說：「記性不好，習慣就要好」。人腦一點也不無敵，所以得把這些容易忘記的數字，或是靈光一現的想法，都趕快記下來！

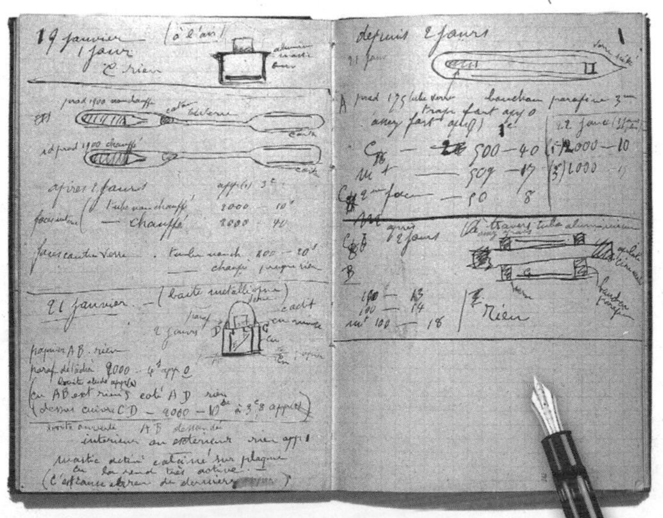

▲ 圖文並茂的筆記本可是瑪麗致勝的關鍵

第二招：勇敢挑戰未知，做好萬全準備

瑪麗在選擇研究課題前，會花上好幾個禮拜的時間準備，這就像作家在寫小說之前得花很多時間

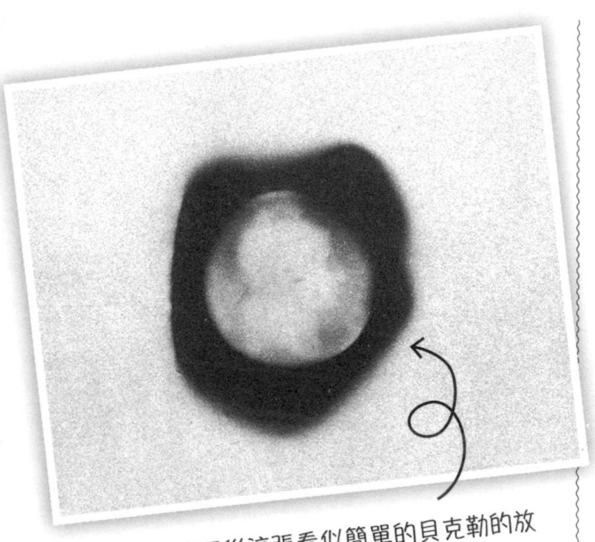

▲ 勇敢的瑪麗從這張看似簡單的貝克勒的放射線曝光底片，就決意投入放射線研究

思考，以及搜尋資料一樣。並且她勇敢進入全新的科學領域，任何在這個領域裡的突破都會是大躍進。除了在研究前大量閱讀相關的科學著作外，而且最重要的就是要懂得找出一個好問題。怎樣是好問題呢？這個問題需要是「重要」的問題，有足夠挑戰性，又能用現在的研究方法解決。

第三招：不怕苦，不怕難！

科學家絕對不會是個錢多、事少、離家近的輕鬆職業，看看瑪麗就知道了，她可是做到昏天暗地，最後連健康都賠上了。除了工作時數長，還要有不怕苦、不怕難的毅力。再者，不可能所有實驗都一帆風順，很多時候是怎麼做、怎麼失敗，不過即使碰到挫折，也不能意志消沉，反而要愈挫愈勇，找到可能失敗的原因，繼續努力向前。當然科學研究也並非是最糟的工作，畢竟可是有人付你錢，讓你做喜歡的工作呢！而且能夠在實驗上有所突破，成為世界上第一個知道大自然奧妙的人，可是很有成就感。

第四招：好夥伴讓你上天堂

要成為一個成功的科學家，有好夥伴能讓你事半功倍。好夥伴是能跟你共同進行實驗，互助互補。像是瑪麗和皮耶他們在鐳的放射性研究上，就是這樣的好搭檔。尤其是現代的科學實驗，常常是跨國際的團隊合作，因此能夠跟別人合作是非常重要。同樣的道理也可以用在讀書上，試著找個讀書好夥伴，彼此可以互相鼓勵和督促，在求學路上也會更加勇敢。

第五招：

認真讀書！用力玩耍！

認真工作，也要認真玩！人就像一條彈簧，一直工作、沒有休息是會彈性疲乏的。即使是像瑪麗這樣沉迷研究的人，也知道要適度放鬆。她會去聽音樂會、看畫展，也會利用假期安排多天的旅行。或是培養自己的興趣，親近大自然，爬山、游泳、騎馬！玩樂就像充電一樣，能讓你更有活力，也可以轉換心情，讓大腦重新開機，面對接下來的挑戰！

第六招：

宣傳研究成果好棒棒

瑪麗在認識麥洛妮之後，才深深了解科學公關的重要性。科學家不能只埋首做實驗，也要適當宣傳爭取經費，雖然說大眾不見得聽得懂，但國家所付的錢就是來自於普羅大眾，因此科學家當然應該要跟這些衣食父母解釋一下，你到底在做些什麼？另一種宣傳是向你的科研同儕宣傳，當你的研究有了能見度，自然也容易有更多朋友，增加合作的可能。

1927 年的索爾威國際物理學化學研究會聚集著來自各國的菁英科學家，你可以找到瑪麗和愛因斯坦嗎？

第七招：放棄小利益，帶來大進展！

瑪麗和皮耶都有共同的看法，認為科學研究不應以個人利益為目標。他們並沒有為鐳的製程申請專利，讓大家都能用他們的方法煉鐳。正是因為如此，這門科學和技術才能如此進展快速。這種放棄小利益，帶來大進展的方式，在現代的科學研究中也很常見，如果大家都將自己的研究成果當作機密，小心翼翼的保護，那麼這門科學的前途就只掌握在你的手裡，這樣不是很可怕嗎？

凡事健康第一

包含科學研究，做任何事情最重要的就是安全！沒有安全，那再談什麼都是多餘的，瑪麗可說是為了科學，不僅日夜投入，就連身體健康也賠進去的典型案例。我們可以看到她對鐳的熱愛讓她忽略了鐳的危險性，雖然她很幸運，一直到 67 歲才因為貧血過世，但在這之前她和皮耶的許多病痛，可能也是因為沒有採取適當的防護措施所導致。現在的科技更為進步，研究所衍生的危險性都有增無減，該做的安全防護都要確實做到。畢竟，留得青山在，不怕沒柴燒啊！同樣的，在拼命讀書的時候，也要記得起來動動身體、喝口水，可別為了成績而賠上健康。

感謝瑪麗在放射線研究的貢獻，第一次世界大戰時的放射科醫生已懂得穿上適當的防護裝。

科學家大 PK：瑪麗與皮耶

瑪麗與皮耶無論在科學研究或是生活相處上都是那麼契合，可說是科學界的最強夫妻檔。現在就從兩人的童年開始，看看他們一路走來，究竟有那些巧合和契機？並且在相遇之後，又如何扮演各自的角色，互補合作，在放射性研究中大放異彩？

OPEN

瑪麗

我的家庭

出生於波蘭的教育世家，祖父和爸媽都是校長或老師，家裡相當注重教育。

皮耶

我的家庭

出生於法國的醫生世家，祖父和爸爸都是醫生。爸爸雖是醫生，但也熱心科學研究，對孩子的教育非常開明。

瑪麗

就學時期

記憶力特佳，專心學習又渴求知識，在學校成績優異。曾在俄國督學前卑躬屈膝，而感深受侮辱。16 歲那年以第一名的成績中學畢業。

瑪麗

初戀

1886

中學畢業後從事家教工作，與雇主的兒子卡西米亞陷入熱戀，卻因對方父母認為不夠門當戶對而告終，瑪麗大為受傷，之後不願再談戀愛。

瑪麗

早期研究

接受法國工業振興協會的委託，在李普曼教授的實驗室進行鋼鐵磁性研究。

皮耶

就學時期

思慮周密、洞察力強。不適應傳統教學，因此是由家庭教師上課，而母親教他讀寫，父親教他觀察大自然。家裡有大量藏書，可以自由涉獵各種知識。

皮耶

初戀

1879

有位青梅竹馬的女伴，卻在他 20 歲那年過世。曾在筆記上寫下和女性談戀愛和專心研究工作是不可兼得的，不再渴望戀愛。

皮耶

早期研究

24 歲那年成為物理化學學校的實驗室主任，在授課之餘進行結晶物理學及磁性研究工作。

瑪麗

墜入愛河

我只是要問
問題？？？

1894

因為實驗室空間的問題，在波蘭友人介紹下求助於皮耶。皮耶在科學上給了指導，在社會和人道議題上也有相似的見解。

皮耶

墜入愛河

瑪麗，妳願意
嫁給我嗎？

1894

第一次見到瑪麗就驚為天人，他沒有想過可以這樣和一個女子暢談科學。之後展開熱烈追求，送瑪麗的第一個禮物是他寫的論文。

瑪麗

放射性研究

皮耶怎麼還
不來接手

1897 年開始研究瀝青鈾礦，在短短一年的時間內就獲得重要突破，發現兩種新元素。瑪麗專心致力於提煉鐳，研究它的化學性質。

皮耶

放射性研究

趕快投靠老婆

在瑪麗發現新元素後，皮耶中斷自己的結晶研究，協助瑪麗的工作，他負責研究放射性的物理性質與意義。

瑪麗

健康狀況

內斂又敏感的她曾數度精神崩潰，中學畢業後曾因此至鄉間休養一年。曾流產一次。與朗之萬的醜聞爆發後，因重度憂鬱而有自殺傾向。健康狀態一直不佳，晚年患有白內障，接受數次手術後復原。患膽結石後不願接受手術，以飲食療法治療。

瑪麗

過世

1934 年 7 月 4 日

67 歲那年因再生不良性貧血，在療養院過世。只有最親密的家人朋友出席，葬禮上沒有任何人發言，瑪麗的棺木被安放在皮耶之上，布洛妮雅和約瑟夫從華沙趕來，在瑪麗的棺木上撒了一把波蘭的泥土。

皮耶

健康狀況

在進行放射性實驗後病痛不斷，1903 年曾重病，演講時兩腿發顫、雙手疼痛、握筆困難，得靠別人幫忙扣背心的扣子。1905 年自述容易疲倦，可能有風濕病或是神經衰弱。

皮耶

過世

1906 年 4 月 19 日

47 歲那年死於車禍。留下 39 歲的瑪麗與年僅 9 歲和 2 歲的兩個女兒，與瑪麗攜手短短 11 年。

瑪麗及其同時代的人

卡爾文爵士

William Thomson

1824 年 6 月 26 日～ 1907 年 12 月 17 日

原名為威廉．湯姆森（William Thomson），在北愛爾蘭出生，是英國著名的數學家物理學家和工程師。他最為人所知的貢獻是發明了絕對溫標，也被稱為熱力學之父。他的父親是數學和工程學教師，母親在他 6 歲時就過世了。從小因為父親工作的關係遊走各國，在 17 歲那年進入劍橋大學就讀，對體育運動、希臘歷史、音樂和文學都有濃厚的興趣，不過他的最愛還是數學和物理。22 歲就被任命為蘇格蘭格拉斯哥大學的自然哲學教授，認識了法拉第，兩人成為好朋友。他受法拉第影響，開始利用數學方法研究電磁學現象，與焦耳合作研究熱力學，提出「焦耳 - 湯姆森效應」，即熱力學第一定律。24 歲時，利用卡諾循環建立絕對溫標，後世為了紀念他的貢獻，將絕對溫度的單位用卡爾文（K）命名。27 那年，發表了「熱動力理論」的論文，內容就是熱力學第二定律。29 歲時，以數學分析寫出電振盪方程式，原本有機會發展出電磁波理論，但他卻毫無保留的與馬克士威（Maxwell）交流，幫助他提出完善的電磁理論。32 歲轉而研究海底電纜，在 10 年後成功架設第一條橫跨大西洋的海底電纜，並設計了許多科學儀器，像是鏡測電流計和虹吸記錄器。42 歲時，發明了可檢測電子訊號的電子檢流器，開啟電子通訊時代，英國皇室因此封他為爵士。

歐尼斯特．拉塞福

Ernest Rutherford

1871 年 8 月 30 日～ 1937 年 10 月 19 日

國際著名物理學家，被尊稱為原子核物理學之父。學界認為他是法拉第後最偉大的實驗物理學家。紐西蘭出生，家中有 12 名兄弟姊妹，小時候常在家裡的鋸木廠及亞麻廠幫忙。1895 年他獲得獎學金前往劍橋大學卡文迪西實驗室，師承湯木生（Sir Joseph John Thomson）。一開始研究無線電波接收器，隔年和湯木生一起研究 X 射線。1897 年，也就是貝克勒發現放射性的隔年，26 歲的拉塞福開始研究鈾的放射性。拉塞福將鈾化合物所放射出的射線，以穿透鋁箔的能力命名為 α 射線和 β 射線。1898 年，拉塞福前往加拿大麥基爾大學擔任物理系主任，研究鈾和釷的放射性。1901 年起，拉塞福與索迪（Soddy）開始合作，研究 α 射線和 β 射線，接著又發現第三種放射性更強的射線，1904 年，維拉德（Villard）將其命名為 γ 射線。另外他還發現了放射性的半衰期，證明了放射性是原子的自然衰變，因而獲得 1908 年的諾貝爾化學獎。但他並不高興，因為他自認為是物理學家，而非化學家。他的名言是，「科學只有物理一個學科，其他不過是集郵而已」。在 1898 至 1902 年，拉塞福對輻射的看法與居禮夫婦不同，雙方陣營以論文互相辯論。1903 年 6 月，瑪麗博士論文口試那天，拉塞福恰巧在法國度蜜月，當晚兩人參加了慶祝晚宴。後來拉塞福和瑪麗成為好朋友，在瑪麗惹惱了一些科學家時，拉塞福會站出來為她辯護，他理解也欣賞瑪麗，他們甚至還會一起去看歌劇。瑪麗過世時，拉塞福曾在《自然》（Nature）科學期刊撰寫追悼紀念文。

保羅．朗之萬

Paul Langevin

1872 年 1 月 23 日～ 1946 年 12 月 19 日

法國重要的物理學家，他的父親是個鎖匠，家裡經濟並不寬裕，但他從小就展現過人的天才，小學老師力勸他的媽媽讓他繼續升學，才有機會念了中學，中學時又受到老師的鼓勵報考物理化學學校，因此成了皮耶的學生。後來曾經獲得獎學金，

前往劍橋大學卡文迪西實驗室，師承湯木生，朗之萬回到巴黎大學後，在皮耶的指導下於 1902 年取得博士學位。1903 年瑪麗博士口試那天，朗之萬替她辦了晚宴，瑪麗獲諾貝爾獎辭去女子師範學院教職時，也是朗之萬接替了她的職位。1904 年，他成為法蘭西學院的物理學教授，在量子理論建立前，就發展出完整的逆磁性與順磁性現象理論。1906 年，他得出 $E=mc^2$ 的結論，後來才在朋友告知下，知道愛因斯坦也在做同樣的研究，1911 年他在國際會議上闡述相對論如何推翻舊有的時空概念。他與妻子珍妮的婚姻並不幸福，朗之萬為人慷慨，但珍妮養大四個孩子，一點錢也不敢亂花，她看不起朗之萬的研究工作，因為那賺不了錢，曾在爭吵中用花瓶打破了朗之萬的頭。1910 年，小瑪麗 5 歲的朗之萬和當時 43 歲的瑪麗發展出友情之上的情誼，並於隔年被媒體披露，這對瑪麗造成很大的傷害，朗之萬還因此與媒體決鬥。事件平息後，朗之萬仍是瑪麗一家人的好友，後來瑪麗的孫女甚至嫁給朗之萬的孫子。

阿爾伯特．愛因斯坦

Albert Einstein

1879 年 3 月 14 日～ 1955 年 4 月 18 日

愛因斯坦堪稱 20 世紀最著名的物理學家。1879 年出生於德國，他的父親在他 4 歲時送給他一個羅盤，開啟了他對科學的興趣。1900 年大學畢業後，他在瑞士專利局謀得一份工作，愛因斯坦 26 歲那年，他利用工作的空檔完成了 4 篇劃時代的論文，主題分別為光電效應、布朗運動、狹義相對論、質能互換（$E=mc^2$），其中光電效應的論文為量子理論建立關鍵性的一步，為他贏得 1921 年的諾貝爾物理獎。在狹義相對論中他提出了兩個基本公設：「光速不變」以及「相對性原理」，這改變了舊有的時間和空間觀念，解決馬克士威爾方程式與古典力學之間的矛盾。從狹義相對論的方程式，他又推導出質能互換的方程式 $E=mc^2$，這表示質量和能量可以互相轉換，為核能提供了理論基礎。1911 年的第一屆索爾威會議，32 歲的愛因斯坦是所有科學家最年輕的，當年 44 歲的瑪麗相當照顧這位晚輩，在會議後替他寫了一封推薦信。之後愛因斯坦與瑪麗成為好友，

不但在瑪麗為醜聞纏身時站出來為她說話，寫信安慰她，也曾與瑪麗和她的兩個女兒一同出遊。1915 年他提出劃時代的廣義相對論，認為質量會造成空間的彎曲，而重力只是彎曲時空的一種表現。據此他預測光線經過太陽重力場時會被彎曲，這項預測在 1919 年 5 月 29 日的日全食，由英國天文學家愛丁頓觀測證實。瑪麗過世後，愛因斯坦在 1935 年發表〈感懷居禮夫人〉（Marie Curie Memoriam），讚譽「在所有著名人物中，居禮夫人是唯一不被榮譽所腐蝕的人。」

伊蓮・朱利歐-居禮

Irène Joliot-Curie

1897 年 9 月 12 日～ 1956 年 3 月 17 日

瑪麗的大女兒，從小就展露出對科學的天分和熱愛，在與母親瑪麗的書信往返中，經常討論數學和科學問題。17 歲開始，她成為瑪麗的得力助手，跟瑪麗在戰場上共同操作「小居禮」的 X 光機，在戰爭中變得成熟許多，瑪麗甚至讓她獨自率隊前往別的戰場。在瑪麗訓練女性做 X 光檢驗師時，已經是巴黎大學生的伊蓮也幫助瑪麗教課。戰後伊蓮進入鐳研究所工作，在朗之萬的指導下完成博士論文，主題為釙的 α 衰變。朗之萬在 1924 年介紹他的學生弗雷德里克進入鐳研究所，瑪麗讓他協助 27 歲的伊蓮工作，當時鐳研究所的同儕們多半認為伊蓮冷漠、孤僻又不友善，但弗雷德里克卻深深為她的自信、詩意和敏感吸引，短短兩年就和伊蓮就步上紅毯，他們一起將姓氏一起改成朱利歐-居里。他們夫妻二度錯過發現中子和正子的重要契機，但仍發現了人造放射性元素，將全世界第一個人造放射性元素裝在試管裡送給瑪麗，這項發現大幅加速了核子物理學的進展，並讓他們夫妻獲得 1935 年的諾貝爾化學獎，伊蓮也站上了領獎台，可惜瑪麗無緣得見。二戰時，夫妻倆一直不願意離開被德軍佔領的法國。52 歲那年接掌居禮研究所，她的女兒海蕾妮嫁給朗之萬的孫子保羅，並在 1950 年生下女兒芳絲華茲，隔年生下兒子伊夫。伊蓮長期暴露於過量的輻射線下，於 59 歲那年突然發燒，體重急遽下降，短短 3 個月內就死於白血病，兩年後弗雷德里克也死於鐳和釙中毒引發的肝硬化。

瑪麗・居禮小事紀

西元／年	事蹟
1867	出生於波蘭華沙。
1883	以最優異的成績畢業於華沙高級中學。
1884	參加流動大學。
1885	擔任家庭教師資助二姊布洛妮雅至巴黎留學，任職於一律師家庭。
1886	前往斯酥基的製糖工廠擔任家庭教師，與大兒子卡西米亞陷入熱戀。
1891	進入巴黎大學就讀
1893	以第一名的成績通過物理學學士學位考試。
1894	初識皮耶・居禮。以第二名的成績通過數學學士學位考試。
1895	與皮耶・居禮在巴黎結婚。
1897	長女伊蓮出生。皮耶母親過世。開始研究瀝青鈾礦。
1898	發表論文，首次提出「放射性」這個詞彙。
1898	居禮夫婦聯名宣布發現釙元素。
1898	皮耶、瑪麗和貝蒙特宣布發現鐳。
1900	進入女子師範學校任教。
1902	從八噸多瀝青鈾礦物中提煉出一公克鐳鹽。

西元／年	事蹟
1903	以《關於放射性物質的研究》論文獲得博士學位。與丈夫皮耶和貝克勒共同榮獲諾貝爾物理獎。首位獲得諾貝爾獎的女性科學家。
1904	皮耶擔任巴黎大學教授。瑪麗擔任實驗室主任。二女兒夏芙出生。
1905	至瑞典發表諾貝爾獎演講。
1906	丈夫皮耶車禍死亡，享年 47 歲。
1906	成為巴黎大學第一位女教授。
1910	著作《放射能概論》出版。純金屬鐳分離成功。
1911	獲頒諾貝爾化學獎，成為第一位兩度獲獎的得獎人。
1914	設立鐳研究所，第一次世界大戰爆發。為法國軍隊提供 X 光醫療服務。
1921	前往美國接受提煉 1 公克鐳元素的捐款。
1922	成為法國醫學院院士。
1929	為了接受贈送給華沙鐳研究所的鐳，二度出訪美國。
1932	出席華沙鐳研究所落成典禮，最後一次訪問波蘭。
1934	瑪麗・居禮與世長辭，享年 66 歲。

相關主要著作

1897 年	《回火鋼的磁化作用》The Magnetization of Tempered Steel
1898 年	《鈾和釷的化合物所放出射線》Rays Emitted by Compounds of Uranium and Thorium 《論瀝青鈾礦中一種放射性新物質》On a New Radioactive Substance Contained in Pitchblende 《論瀝青鈾礦中含有一種放射性很強的新物質》 On a New, Strongly Radioactive Substance Contained in Pitchblende
1899 年	《感應放射性研究》The Research on Induced Radioactivity 《論鐳射線的化學作用》The Chemical Reaction of Radium Rays 《在放射性作用中同時引起的電荷》The Electrical Charge Caused in Radioactive Reactions
1900 年	《論放射性鋇的原子量》Atomic Weight of Radioactive Barium 《新發現的放射性物質及其放射的射線》A New Radioactive Substance and Rays Emitted from It 《放射過程衰變理論》 《可偏折鐳射線的電荷》The Electric Charge of Deflectable Rays of Radium
1901 年	《論放射性物質》Radioactive Substances
1902 年	《論鐳的原子量》Atomic Weight of Radium
1903 年	《放射性物質的研究》Research on Radioactive Substances 博士論文
1904 年	《鐳和放射性》Radium and Radioactivity 《放射性物質之研究》Investigations on Radioactive Substances 《放射性物質》Radioactive Substances
1906 年	《電與物質之現代理論》Modern Theories of Electricity and Matter
1910 年	《放射性概論》Treatise on Radioactivity 《鐳和化學新概念》Radium and the New Concepts In Chemistry
1912 年	《放射性測量及鐳之標準》The Measure in Radioactivity and Standard of Radium
1913 年	《放射性物質之輻射》About the Radiation from The Radioactive Material
1914 年	《放射性物質及其分類》The Radio-elements and Their Classification
1919 年	《戰爭期間的放射學》Radiology in War
1921 年	《放射學和戰爭》Radiology and The War 《同位素及其組成》The Isotopes and Its Components 《鐳的發現》The Discovery of Radium
1922 年	《同位素和同位素元素》The Isotopes and The Isotope Elements
1924 年	《皮耶・居禮傳》Pierre Curie and Autobiographical Notes
1926 年	《釙的化學性質》The Chemical Property of Polonium
1933 年	《放射性物質的 α、β、γ 輻射與核子構造之關係》 The α. β. γ Radiation of The Radioactive Material in relation with The Nuclear Structure
1935 年	《放射性》Radioactivity

一本好書，把孩子重新帶回課堂

——以超科少年2-生物怪才達爾文為例

戴熒霞／臺南市復興國中生物老師
臺南市師鐸獎、教育部閱讀推手、親子天下閱讀典範教師

「老師，對不起，我有密集恐懼症，看到很多字，我就…」坐在講桌旁「特別座」的小柏語帶歉意，試圖解釋他為何無法在評量時好好答題，以及他的課本為何總是和剛領取時一樣，潔白如新。

然而，同一個孩子，卻自動而快速的讀完了超科少年2-生物怪才達爾文，那是配合七年級自然課的演化單元，我從學校圖書館借來，發給班上每個孩子一本的班級共讀書！

科學知識的產出都有其背景，在課程中，常為了知識的堆棧，選擇簡捷卻失去吸引力的學習途徑，淬鍊了精華卻失去了發現過程的脈絡和情境，忽略了科學家在重大經典的發現背後，是一段段為了解釋疑惑、解決問題而進行的探究歷程，而只有藉由讓孩子們走入情境之中，才有機會一窺科學之趣，體驗科學本質之美，並了解知識的價值與意義。

學校課堂的時間有限，任課老師們又有教學進度的壓力，因此「選書」是閱讀融入教學很重要的關鍵。挑選一本趣味且兼具學習深度，又能延伸課程學習的好書，才能讓閱讀和教學相輔相成。老師們可以善用學校的晨讀時間，培養孩子們「喜閱」的興趣和習慣，也建議在進行科普閱讀時，由閱讀老師和自然老師進行協同教學，先由閱讀老師以預測、提問、摘要、圖像等閱讀策略帶領學生認識科

學家的生平、成就和影響，再由自然老師由科學學習的角度切入，讓學生能覺察並運用書中讀到的科學內容，透過老師的提問與學習鷹架，與課程中的理論相互對照與應證，讓學生達到有效的學習。

學校裡像小柏一樣的孩子不少，他們不是恐懼文字，也沒有閱讀障礙，更沒有排斥學習，他們只是需要更有趣、有創意和故事性的橋梁書，陪伴他們邁向課本這類知識性結構的文本。當小柏熱切的分享書本中達爾文在加拉巴哥群島發現的陸龜、鬣蜥、雀鳥等奇妙的生物，是如何支持課程中的演化理論時，他已經跨越了學習模式的屏障，藉由閱讀好書，孩子能重新找到回到課堂的學習之路。

戴老師的達爾文相關教案分享連結

榮獲105年圖書資訊利用教育教案閱讀融入教學主題 國中組第一名

給家長的話

讓孩子的想像力，帶著科學知識一同飛翔

孩子天生是屬於大自然的，曾經，花草蟲鳥、石頭流水、彩虹微風、日昇月落，在他們眼裡都既神奇又美妙，總是有著滿滿的好奇和無盡的讚嘆，然而，短短數年，那一個常發問、愛探索，長大想要成為科學家的孩子…哪裡去了？

從兒童過渡到少年，孩子的閱讀能力和閱讀口味開始有了差異性的發展，而家長想為孩子添購課外書籍的心意，也隨著孩子年紀的增長漸趨於保守，因為抓不準孩子的閱讀喜好，因為想要推薦給孩子讀的，與他們自己想讀的有了落差，又或者因為在這個既保有童心，又開始試圖要探求這個世界的年紀，在太天真的童書和有點嚴肅的成人書之間，提供少年閱讀的科學書籍，選擇性仍然不夠豐富多元。

另一個不容忽視的原因，家長們想必也曾經嚐過，那是在長期升學主義下，為了考試而學習的滋味。課堂上，教公式不教發現過程；教定律不教為何學習；講答案不講故事、講正確不講價值、講解題不講影響、講分析技巧不講使命與熱忱。得分的代價是失去了追求知識的根本價值與意義，興趣自然降低了。

如何讓孩子天馬行空的想像力，帶著科學知識一同飛翔呢？或許家長的任務不是去規範和限制，而是激發和鼓勵。一般來說，書本題材內容的呈現方式若能圖文並茂、輕鬆有趣，書中的主角和孩子的年紀相仿，主角面對挑戰時，展現出機智和勇敢等，都更能吸引孩子進入情境，而這也是這套超科少年系列總是會吸引孩子一本接著一本的，主動閱讀的原因，書本先以「漫畫科學家」精彩的穿越故事吸引孩子閱讀，再進入「祕辛報報」和「讚讚劇場」的文字國度，深化理解時代背景與科學家努力追求突破的精神，在享受閱讀樂趣的同時，進一步成為孩子學習的典範。

以閱讀點燃孩子的科學火花，涵養思考判斷、明辨是非和解決問題的能力，並內化為在生活中實踐的科學素養，在超科少年的陪伴下，讓孩子們對自然科學的喜愛能持續燃燒，一如當初。

圖照來源

Chapter 1 閃問記者會

P7　居禮人像／TNS Sofres 提供

Chapter 2 讚讚劇場

P14　弗萊塔街／Nieznany-unknown 提供

全家福／Sklodowski_Family_Wladyslaw 提供

P15　波蘭／Halibutt 提供

驗電器／Setreset and Marco Angelucci 提供

P17　沙皇／Gustav Broling 提供

P18　狄更斯／Jeremiah Gurney 提供

塊肉餘生記／Bradbury & EvansCopperfield 提供

P20　卡西米亞／Kazm 提供

P21　工業農業博物館／Muzeum_Przemystu 提供

P22　巴黎大學／Andy Walker 提供

P23　講堂／Gouts_Sorbona 提供

P24　閣樓／Carl_Spitzweg 提供

P25　李普曼／Bain News Service 提供

彩色照片／Lippmann 提供

P26　工業協會／Sebjarod 提供

P27　電氣石／Rob Lavinsky, iRocks.com 提供

P28　皮耶／Dujardin 提供

P30　學校實驗室／L. Poyer 提供

圖照來源

P31 伊蓮／Marie 提供

P32 瀝青鈾礦／Geomartin 提供

P33 鐳／Wellcome Library, London 提供

P34 放射線治療／liz west 提供

P35 諾貝爾／Dannybalanta 提供

P40 鐳研究所／Wellcome Images 提供

P41 研究人員／Wellcome Images 提供

P43 會議／Benjamin Couprie 提供

P44 飯店／Keith Laverack 提供

P46 X 光設備／Robert Knox 提供

P47 醫生開刀／J. P. Hoguet 提供

P50 鉛塊／Changlc 提供

P52 華沙研究所／Adrian Grycuk 提供

P53 住家／Memorino 提供

壁畫／Nihil novi 提供

Chapter 3 祕辛報報

P56 瀝青鈾礦／Geomartin 提供

P58 鉀／W. Oelen 提供

P59 金箔實驗／Kurzon 提供

P61　放射線照片／ Wellcome Images 提供

P63　防護衣／ H. J. Hickman 提供

P69　拉塞福／ George Grantham Bain Collection 提供

　　　朗之萬／ Henri Manuel 提供

P70　愛因斯坦／ Ferdinand Schmutzer 提供

P71　伊蓮／ Harcourt 提供

本書參考書目

伊芙・居禮《居禮夫人傳》. 志文 . 1993. ISBN 9789575451103

納奧米・帕薩科夫《居里夫人》. 世潮 . 2004. ISBN 9577766277

紀荷《居禮夫人：寂寞而驕傲的一生》. 天下文化 . 1991. ISBN 9576211328

張甲鳳《居里夫人－鐳的母親》. 婦女與生活社文化事業 . 2000. ISBN9570365196

金男吉、白貞賢《居禮夫人》. 企鵝圖書 . 2005. ISBN 986748164X

艾諾莉・多麗《居禮夫人》. 國際少年村 . 1996. ISBN 9576512441

雪萊・艾默林《居禮夫人和他的女兒們》. 遠流 . 2013. ISBN 9789573272588